高等教育美术专业与艺术设计专业“十三五”规划教材

Flash基础教程

FLASH JICHU JIAOCHENG

主 编 徐 辉 李 珩 李 佳
副主编 陈 文 高开辉

西南交通大学出版社
·成都·

图书在版编目（CIP）数据

Flash 基础教程 / 徐辉，李珩，李佳主编 . —成都：西南交通大学出版社，2016.8

高等教育美术专业与艺术设计专业“十三五”规划教材

ISBN 978-7-5643-4864-9

Ⅰ . ①F… Ⅱ . ①徐… ②李… ③李… Ⅲ . ①动画制作软件－高等学校－教材 Ⅳ . ① TP391.41

中国版本图书馆 CIP 数据核字（2016）第 178788 号

高等教育美术专业与艺术设计专业“十三五”规划教材

Flash 基础教程

主编 徐 辉 李 珩 李 佳

责任编辑 穆 丰

封面设计 姜宜彪

出版发行 西南交通大学出版社
（四川省成都市二环路北一段 111 号
西南交通大学创新大厦 21 楼）

电 话 028-87600564 028-87600533

邮政编码 610031

网 址 http://www.xnjdcbs.com

印 刷 河北鸿祥印刷有限公司

成品尺寸 185 mm × 260 mm

印 张 10

字 数 217 千字

版 次 2016 年 8 月第 1 版

印 次 2016 年 8 月第 1 次

书 号 ISBN 978-7-5643-4864-9

定 价 58.50 元

前　言

Flash是由Adobe公司开发的网页动画制作软件。它功能强大、易学易用，深受网页制作爱好者和动画设计人员的喜爱，已经成为这一领域最流行的软件之一。目前，我国很多高等院校的数字媒体艺术类专业，都将Flash列为一门重要的专业课程。为了帮助教师能够比较全面、系统地讲授这门课程，使学生能够熟练地使用Flash来进行动画设计，几位长期从事Flash教学的教师和专业网页动画设计公司经验丰富的设计师，共同编写了本书。

《Flash基础教程》采用最新的项目教学法与传统教学法相结合的方式，循序渐进地介绍了Flash动画制作原理、对象编辑与修饰、绘图工具、填充工具、编辑工具、图层遮罩与编辑动画、逐帧动画、元件与库、补间动画、特效动画、骨骼动画、声音、图片和视频等内容。本书的体系结构经过精心设计，按照软件功能解析—实例训练—课后练习这一思路进行编排，通过软件功能解析使学生深入学习软件功能和制作特色，力求通过对功能的介绍与实例训练，使学生快速熟悉动画设计制作思路；通过课后练习，拓展学生的实际应用能力。在内容编写方面，力求细致全面、重点突出；在文字叙述方面，注意言简意赅、通俗易懂；在案例选取方面，强调案例的针对性和实用性。

本书作者在编写的过程中力求准确、完善，但仍难免会有所疏漏，衷心希望广大读者予以批评、指正。

编　者

2016年6月

目 录

第 1 章　基本工具介绍

1.1　工作窗口面板

※ 学习目标

掌握工作窗口面板，方便以后对软件的使用。

※ 课程重点

铅笔工具、钢笔工具、刷子工具、喷涂刷工具、Deco 工具和绘制规则图形工具的使用方法，能够灵活应用这些工具绘制各种图形。

要使用 Flash CS5 制作动画，首先要打开 Flash CS5 的工作界面。Flash CS5 的工作窗口主要包括菜单栏、工具面板、垂直停放的面板组、时间轴面板、设计区等界面要素，如图 1-1-1 所示。

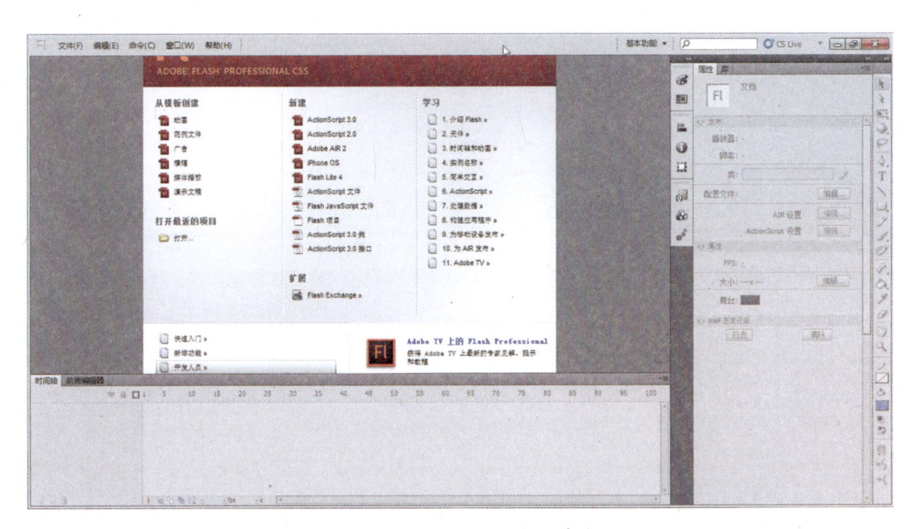

图 1-1-1　Flash CS5 的工作窗口

Flash CS5 的工作窗口单栏依次分为：文件菜单、编辑菜单、视图菜单、插入菜单、修改菜单、文本菜单、命令菜单、控制菜单、调试菜单、窗口菜单及帮助菜单，如图 1-1-2 所示。

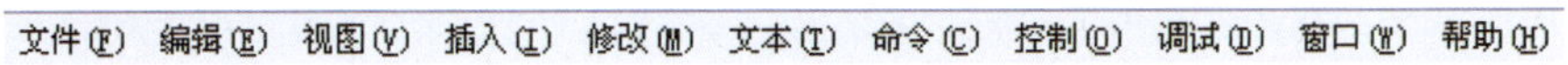

文件(F)　编辑(E)　视图(V)　插入(I)　修改(M)　文本(T)　命令(C)　控制(O)　调试(D)　窗口(W)　帮助(H)

图 1-1-2　Flash CS5 的菜单栏窗口

主工具栏：为方便使用，Flash CS5 将一些常用命令以按钮的形式组织在一起，置于操作界面的上方。主工具栏依次分为：新建按钮、打开按钮、保存按钮、打印按钮、剪切按钮、复制按钮、粘贴按钮、撤消按钮、重做按钮、对齐对象按钮、平滑按钮、伸直按钮、旋转与倾斜按钮、缩放按钮以及对齐按钮。

工具箱：工具箱提供了图形绘制和编辑的各种工具，分为工具、查看、颜色、选项 4 个功能区。

工具区：提供选择、创建、编辑图形的工具。

查看区：改变舞台画面以便更好地观察。

颜色区：选择绘制、编辑图形的笔触颜色和填充色。

选项区：不同工具有不同的选项，通过选项区为当前选择的工具进行属性选择，如图 1-1-3 所示。

时间轴：用于组织和控制影片内容在一定时间内播放的层数和帧数。与电影胶片一样，Flash 影片也将时间长度划分为帧，如图 1-1-4 所示。

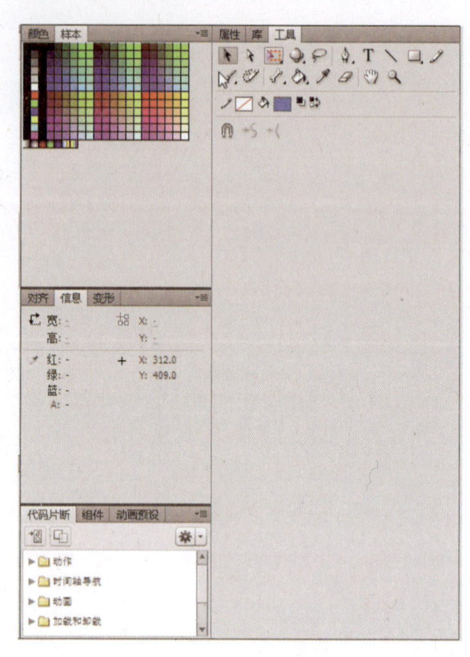

图 1-1-3　Flash CS5 的选项区

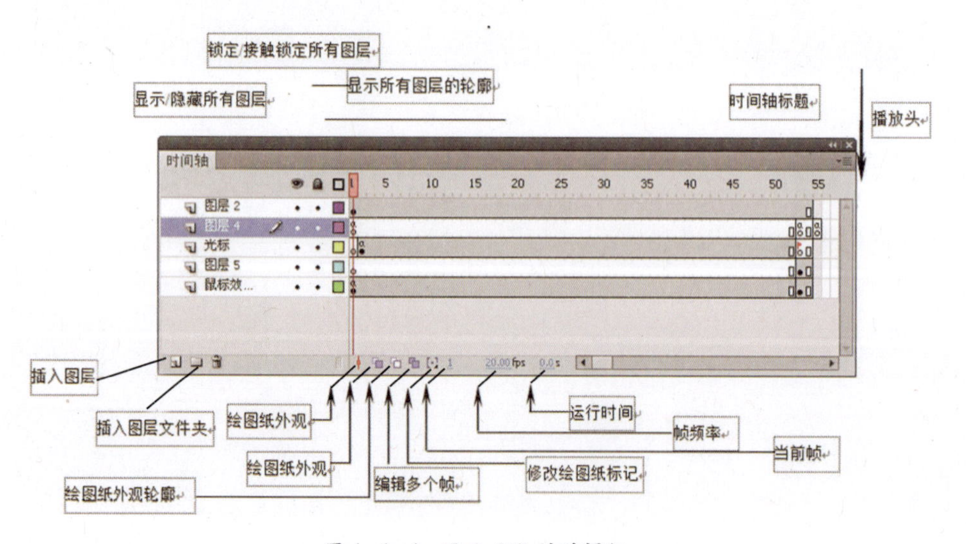

图 1-1-4　Flash CS5 的时间轴

舞台：在 Flash CS5 中，舞台就是设计者进行动画创作的区域，设计者可以在其中直接绘制插图，也可以在舞台中导入需要的插图、媒体文件等。要修改舞台的属性，可以选择“修改文档”命令，打开文档设置对话框，如图 1-1-5 所示。

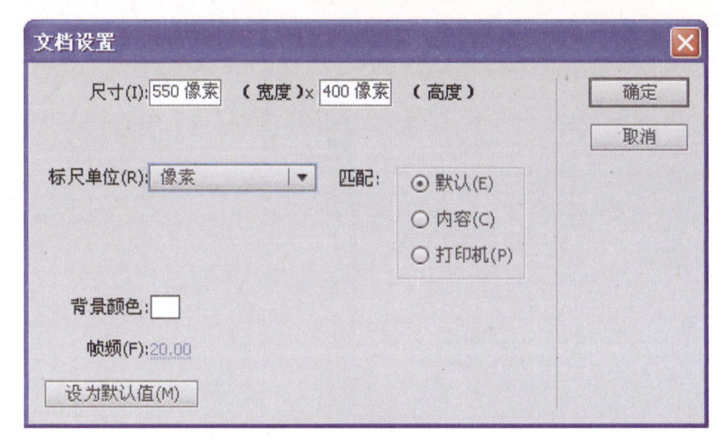

图 1–1–5 “文档设置”对话框

属性面板：面板集用于管理 Flash 面板，通过面板集，用户可以对工作界面的面板布局进行重新组合，以适应不同的工作需要。

使用默认布局方式：Flash CS5 提供了 7 种工作区面板集的布局方式，选择窗口工作区子菜单下的相应命令，可以在这 7 种布局方式间切换，如图 1–1–6 所示。

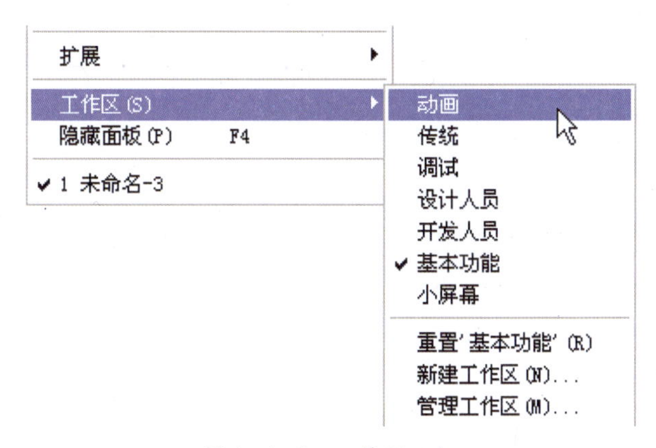

图 1–1–6 工作区面板

手动调整工作区布局：除了使用预设的 6 种布局方式以外，还可以对整个工作区进行手动调整，使工作区更加符合个人的使用习惯，如图 1–1–7、图 1–1–8 所示。

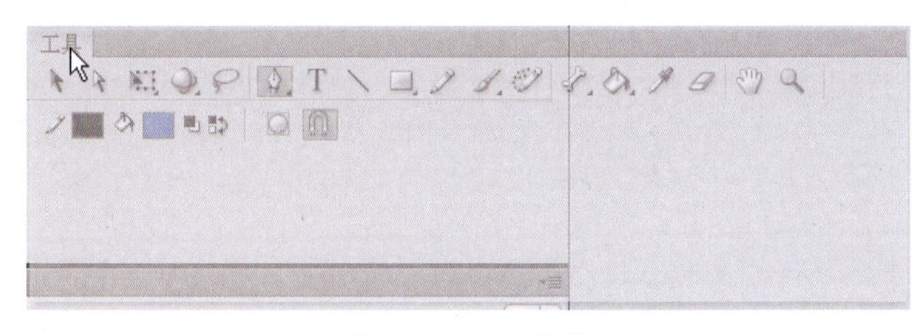

图 1–1–7 工具箱

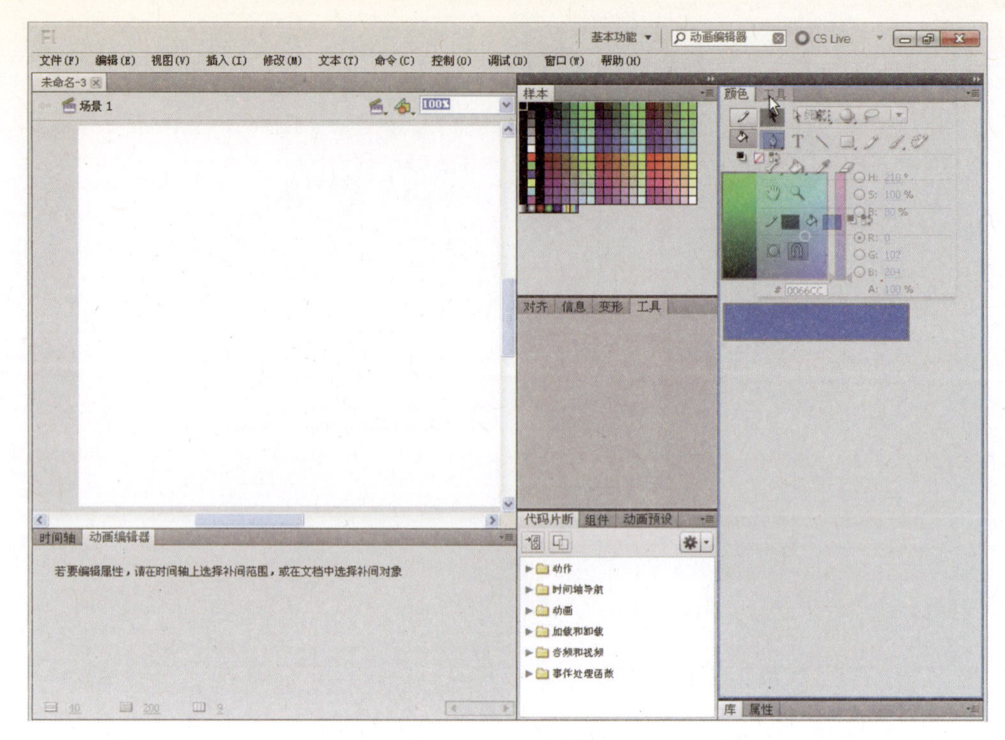

图 1—1—8　面板布局

调整面板大小：当需要同时使用多个面板时，如果将这些面板全部打开，会占用大量的屏幕空间，此时可以双击面板顶端的空白处将其最小化，如图 1–1–9 所示。

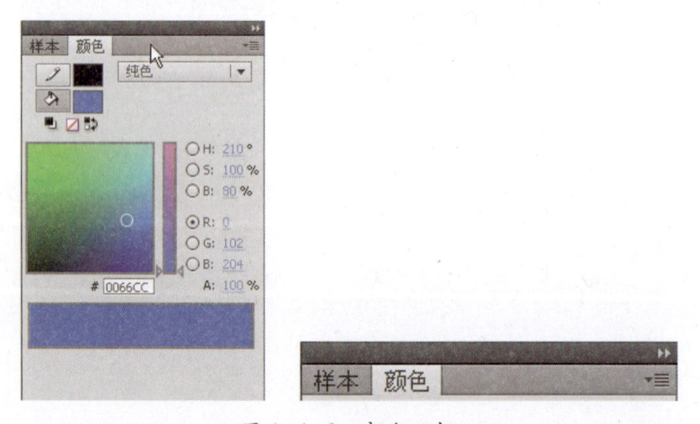

图 1—1—9　颜色面板

自定义 Flash CS5 的工作环境：为了提高工作效率，使软件最大限度地符合个人操作习惯，可以在动画制作之前先对 Flash CS5 的首选参数和快捷键进行设置。

设置首选参数：要设置 Flash CS5 中的常规应用程序操作、编辑操作和剪贴板操作等参数选项，可以在首选参数对话框中设置，如图 1–1–10 所示。

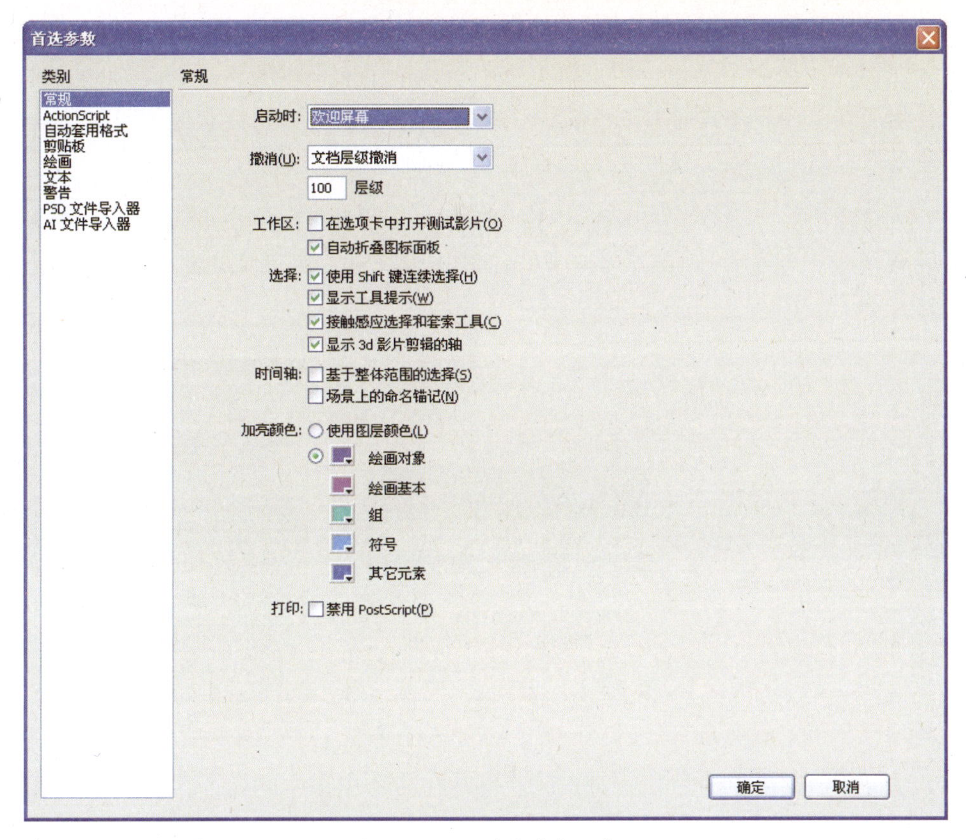

图 1—1—10　首选参数面板

窗口左侧是功能强大的工具箱，它是 Flash CS5 中最常用到的一个面板，由工具、查看、颜色和选项四部分组成，如图 1-1-11 所示。

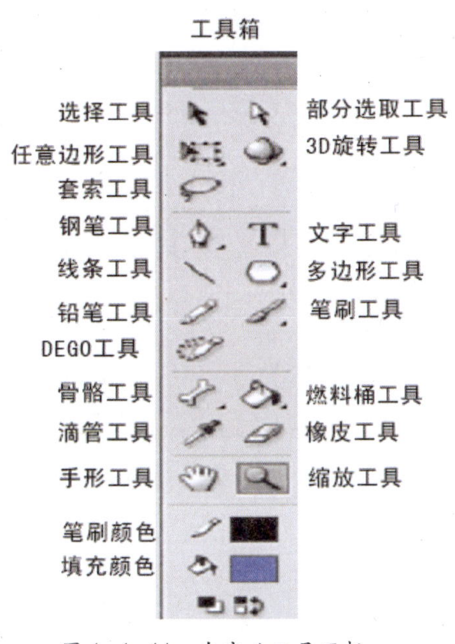

图 1—1—11　自定义工具面板

使用和管理命令：使用 Flash CS5 的命令菜单，可以将用户在 Flash 中的操作步骤保存成一个命令动作，用户可以选中历史记录面板中的某一个或某一系列步骤，然后在命令菜单中创建一个命令，再次使用该命令，将完全按照原先的执行顺序来重放这些步骤，这使得 Flash 也具有了批量操作的能力。

创建命令：当用户在 Flash CS5 的舞台上有操作后，用户可以选择窗口其他面板历史记录命令，或直接按下 Ctrl+F10 组合键，打开历史记录面板，如图 1–1–12 所示。

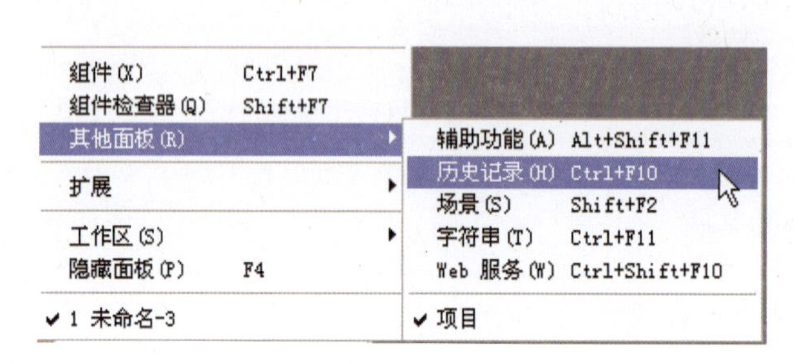

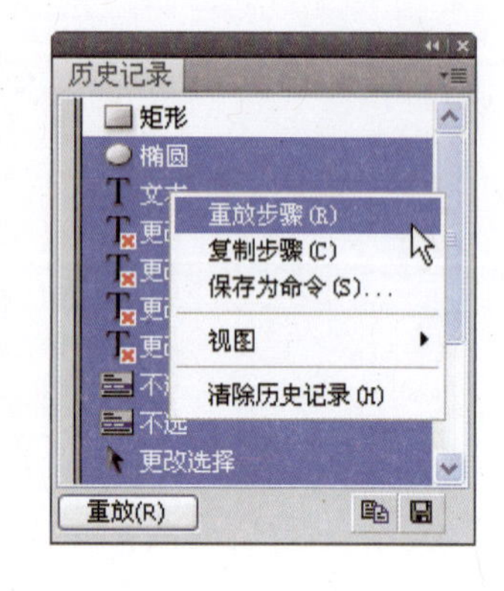

图 1–1–12　历史记录面板

编辑命令菜单中的命令：对于已经保存在命令菜单中的命令，用户可以对其进行编辑管理操作，在菜单栏上选择命令下的管理保存命令，将会打开管理保存的命令对话框，如图 1–1–13 所示。

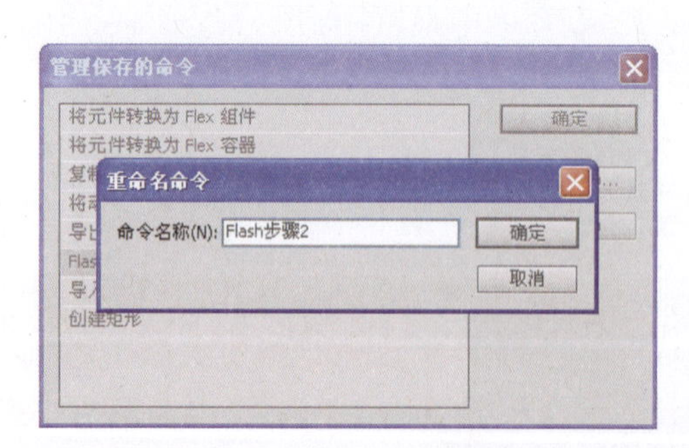

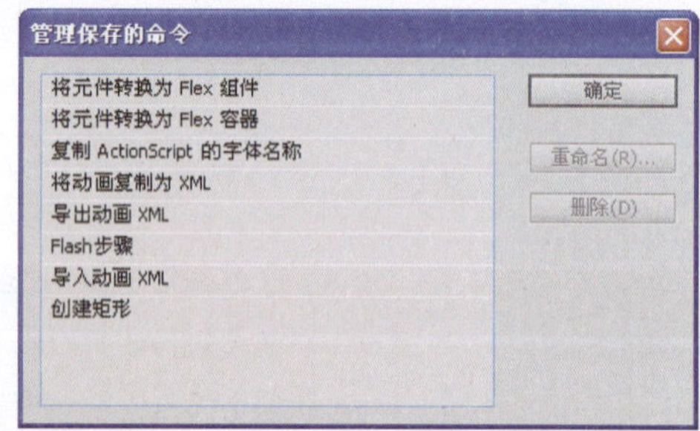

图 1–1–13　管理保存的命令面板

1.1.1　Flash CS5 面板的文件操作

Flash CS5 基本命令操作：新建文件、保存文件和打开文件。

新建文件：是使用 Flash CS5 进行设计的第一步。

选择文件下面的新建命令，打开新建文档对话框。单击确定按钮，即可创建一个名称为“未命名—1”的空白文档，如图 1–1–14 所示。

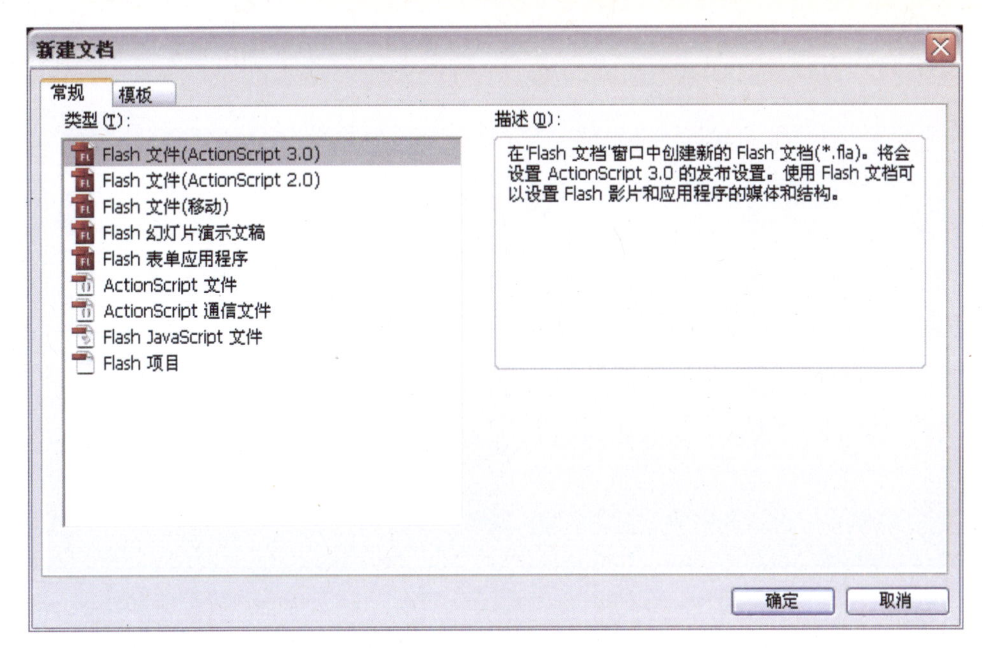

图 1–1–14　新建文档对话框

新建模板文档：选择文件下面的新建命令，打开新建文档对话框后，单击模板选项卡，打开从模板新建对话框，如图 1–1–15 所示。

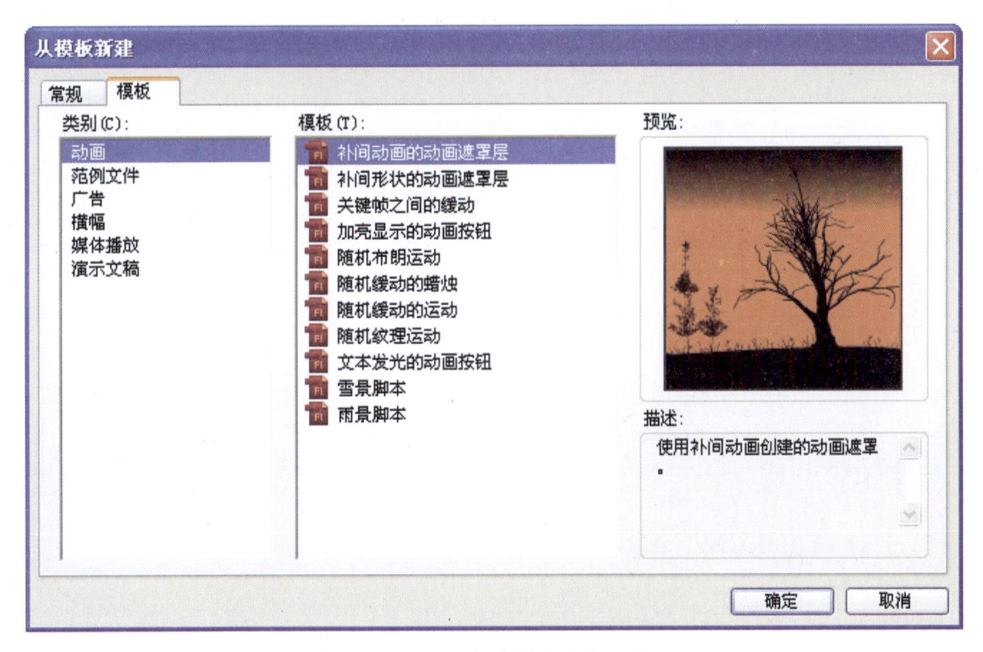

图 1–1–15　新建模版文档面板

保存文件：编辑和制作完动画后，就需要将动画文件进行保存。选择保存命令，弹出另存为对话框，输入文件名，选择保存类型，单击保存按钮，即可将动画保存，如图 1–1–16 所示。

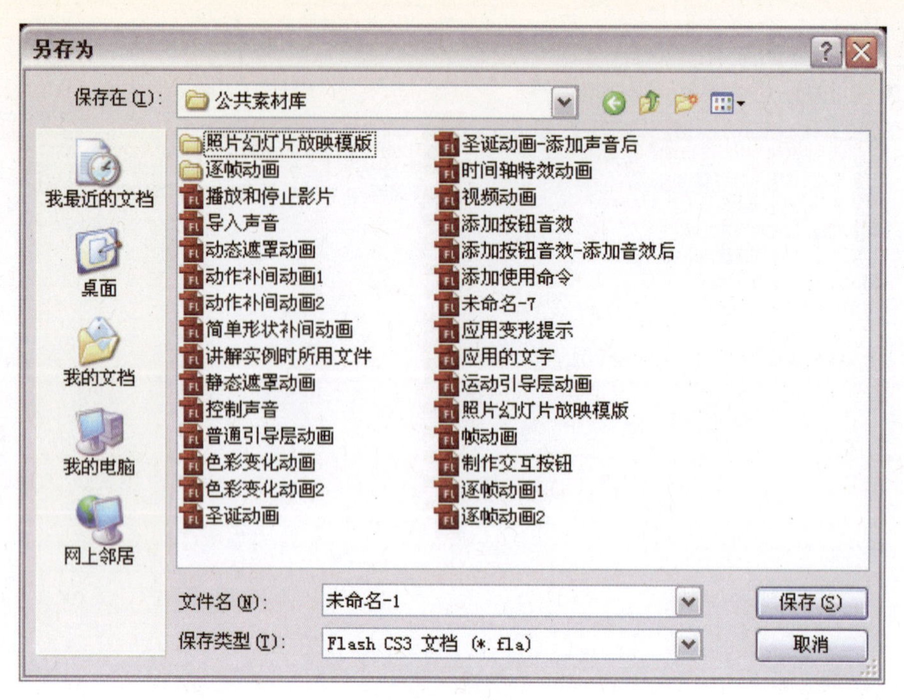

图 1—1—16　另存为面板

打开文件：如果要修改已完成的动画文件，必须先将其打开。选择文件中的打开命令，弹出打开对话框，在对话框中搜索路径和文件，确认文件类型和名称，单击打开按钮，或直接双击文件，即可打开所指定的动画文件，如图 1–1–17 所示。

图 1—1—17　打开指定文件

面板操作：

（1）打开面板：可以通过选择窗口菜单中的相应命令打开指定面板。

（2）关闭面板：在已经打开的面板标题栏上右击，然后在快捷菜单中选择关闭面板组命令即可。

（3）重组面板：在已经打开的面板标题栏上右击，然后在快捷菜单中选择将面板组合至某个面板中即可。

（4）重命名面板组：在面板组标题栏上右击，然后在快捷菜单中选择重命名面板组命令，打开重命名面板组对话框。在定义完名称后，单击确定按钮即可。如果不指定面板组名称，各个面板会依次排列在同一标题栏上。

（5）折叠或展开面板：单击标题栏或者标题栏上的折叠按钮可以将面板折叠为其标题栏，再次单击即可展开。

（6）移动面板：可以通过拖动标题栏左侧的控点移动面板位置或者将固定面板移动为浮动面板。

（7）恢复默认布局：可以通过选择窗口菜单中的“工作区布局”→“默认命令”完成。

1.1.2 Flash CS5 的系统配置

Flash CS5 中系统配置包含首选参数面板、设置浮动面板、历史记录面板，下面举例介绍首选参数面板。

首选参数面板：应用首选参数面板可以自定义一些常规操作的参数选项。参数面板依次分为常规选项卡、绘画选项卡、剪贴板选项卡、警告选项卡以及 ActionScript 选项卡。选择编辑下面的首选参数命令，可以调出首选参数面板，如图 1-1-18 所示。

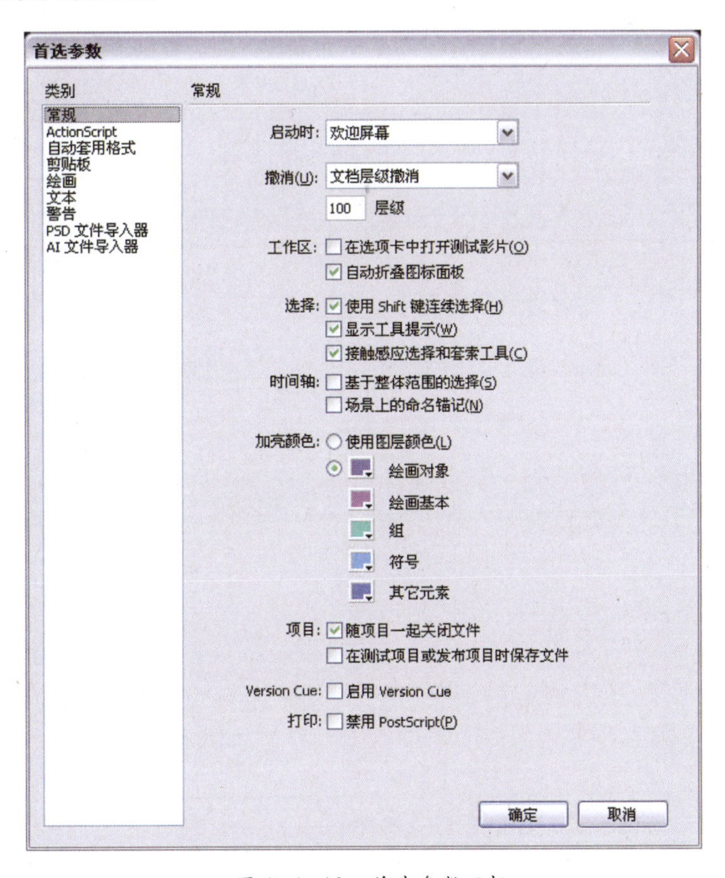

图 1-1-18 首选参数面板

1.2　绘制图形工具

在使用 Flash 制作动画时，经常需要绘制不规则图形。在 Flash CS5 中，绘制不规则图形可以使用线条工具、铅笔工具和钢笔工具。

学习目标

利用不规则图形绘制完成案例效果，绘制复杂图案效果。

课程重点

线条工具、特殊绘图工具、刷子工具、喷涂刷工具、Deco 工具。

线条工具：线条是构成矢量图形的基本要素，在 Flash CS5 中，可以使用线条工具来绘制各种长度和角度的直线。同时，将绘制的多条直线连接，可以构成各种多边形。线条工具包含绘制线条、设置笔触样式、线条的端点、线条的接合、选项栏工具等选项。

特殊绘图工具：在 Flash CS5 中除了绘制图形和线条的工具之外，还有一些特殊的绘图工具，如刷子工具、喷涂刷工具和 Deco 工具，使用这些工具能够完成一些特殊效果的绘制。

刷子工具：在 Flash CS5 中刷子工具可以绘制任意形状的色块，同时使用该工具还可以创建一些特殊的图形效果。

在工具箱中选择刷子工具，在属性面板中对工具的属性进行设置，这里除了可以设置笔触、填充、端点和接合方式之外，还可以对绘制线条的平滑度进行设置，完成设置后在舞台上拖曳鼠标即可绘制出需要的图形。

刷子模式包括标准绘画模式、颜料填充模式、后面绘画模式、颜料选择模式、内部绘画模式。

喷涂刷工具：喷涂刷工具类似于一个粒子喷射器，使用它可以将图案喷涂在舞台上。在默认情况下，工具将使用当前选定的填充颜色来喷射粒子点。同时，该工具也可以将按钮元件、影片剪辑和图形元件作为笔刷效果来进行喷涂，如图 1-2-1 所示。

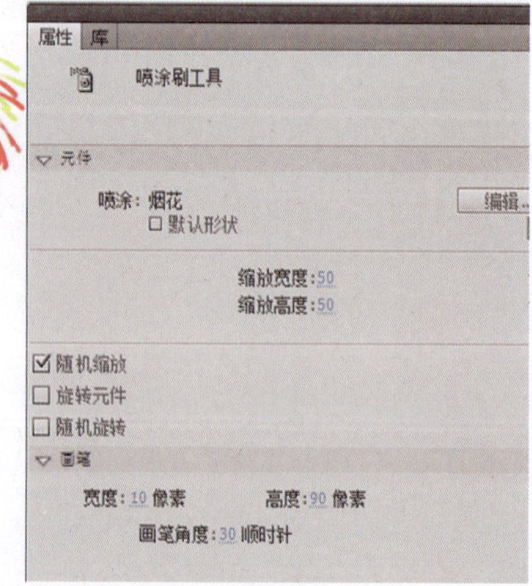

图 1-2-1　喷涂刷工具的应用

Deco 工具：Deco 工具是一个装饰性绘画工具，用于创建复杂几何图案或高级动画效果。工具提供了藤蔓式填充、网格填充和对称刷子等多种模式，并内置了默认的图案供用户选择使用。同时，用户也可以使用图形形状或对象来创建更为复杂的图案，并轻松获得动画效果。

4个典型的效果：藤蔓式填充方式、网格填充方式、对称刷子、火焰动画效果。

本节练习案例——卡通狮子

在案例制作过程中，使用钢笔工具、线条工具和铅笔工具来勾绘图形轮廓，使用转换锚点工具转换锚点类型，并调整弧线的形状。通过本范例的制作，能够掌握在 Flash 中使用各种工具绘制复杂形状图形的方法和技巧，如图 1-2-2 所示。

图 1-2-2 练习效果图

1.3 其他辅助绘图工具

在绘制图形时，有时需要使用一些辅助绘图工具来帮助图形的绘制，如调整绘制图形的形状、去除不需要的图形或查看舞台上绘制图形的细部。

※ 学习目标

利用辅助绘图工具绘制完成案例效果。

※ 课程重点

选取对象、擦除对象、查看对象。

1.3.1 选取对象

在 Flash CS5 中，用于进行对象选取的工具有 3 个，它们分别是选择工具、部分选取工具和套索工具。

1.3.2 擦除对象

在 Flash CS5 中，使用橡皮擦工具能够擦除舞台上对象的填充和轮廓。在工具箱中选择橡皮擦工具，在工具箱的选项栏中选择擦除模式和橡皮擦外形。擦除对象包含 5 种模式：标准擦除模式、擦除填色、擦除线条、擦除所有填充、内部擦除，如图 1-3-1 所示。

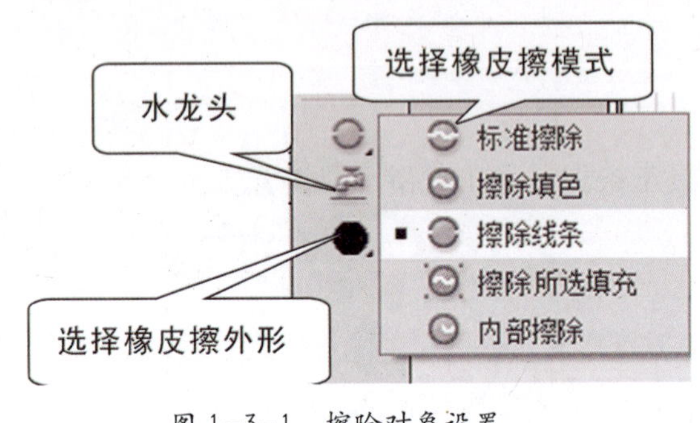

图 1—3—1　擦除对象设置

1.3.3 查看对象

Flash CS5 提供了缩放工具和手形工具来帮助设计师更好地查看舞台上的图形对象。

（1）手形工具：在舞台上进行图形绘制和编辑时，有时需要移动舞台以便更好地查看舞台上的特定图形，此时可以使用手形工具。在工具箱中选择手形工具，按住鼠标左键移动鼠标可以拖动舞台画面，这样即可方便地查看到需要的图形。

（2）缩放工具：在绘制图形时，有时需要放大舞台画面查看图形的细节，而当需要了解整个舞台或某个对象的结构时，又需要缩小舞台，这类舞台画面的缩放操作可以通过使用缩放工具来实现。

在工具箱中选择缩放工具，在工具箱的选项栏中单击放大按钮，在舞台上单击即可增加舞台画面的显示比例。使用该工具在舞台上的图形上框选一个区域，则将能够将该区域放大。

本节练习案例 1——雨伞

使用多角星形工具、钢笔工具和椭圆形工具来绘制基本图形，使用选择工具和部分选取工具来对图形的形状进行修改。通过本范例的制作，读者将掌握使用选择工具和部分选取工具来对图形形状进行修改的方法，同时掌握不使用对象旋转和缩放命令，使用选择工具和部分选取工具实现对象倾斜放置的技巧，如图1-3-2所示。

图 1-3-2 练习效果图 1

本节练习案例 2——绘制卡通鱼

使用椭圆工具分别绘制鱼的身体和嘴唇，使用选择工具对绘制的椭圆进行修改，获得需要的鱼身体和嘴唇效果。使用椭圆工具绘制 5 个椭圆，使用添加锚点工具添加锚点，使用部分选取工具选择锚点并对锚点进行调整获得鱼鳍和鱼尾。使用钢笔工具绘制鱼身上的鱼鳞和鱼鳍鱼尾上的条纹。使用椭圆工具绘制鱼的眼睛，如图 1-3-3 所示。

图 1-3-3 练习效果图 2

1.4　绘制与编辑图形工具

※ 学习目标

基本线条与图形的绘制，图形的绘制与选择，图形的编辑，图形的色彩。

※ 课程重点

Flash CS5 中的图形类型；使用工具面板中的绘制工具，使用辅助工具；编辑图形。

Flash CS5 中的图形类型：Flash 是一款专业的矢量图形编辑和动画创作软件，绘制图形是创作 Flash 动画的基础。在学习绘制和编辑图形的操作之前，首先要对 Flash 中的图形有所认识，主要包括了位图和矢量图的概念和区别以及图形色彩的相关知识。

Flash CS5 中的图形类型分为位图图像和矢量图形两种类型。图像的色彩模式有两种，分别为 RGB 和 HSB 色彩模式。

在 Flash CS5 中，用户可以使用线条、椭圆、矩形和五角星形等基本图形绘制工具绘制基本图形，可以使用钢笔、铅笔等工具进行精细图形的绘制，还可以对已经绘制的图形进行旋转、缩放、扭曲等变形操作。另外，使用 Deco 绘图工具可以提高用户的绘图工作效率。

基本线条与图形的绘制包括：线条工具、铅笔工具、钢笔工具、刷子工具。

线条工具：在 Flash CS5 中，线条工具主要用于绘制不同角度的矢量直线。在工具面板中选择线条工具，将光标移动到舞台上，会显示为十字形状，按住鼠标左键向任意方向拖动，即可绘制出一条直线。要绘制垂直或水平直线，按住 Shift 键，然后按住鼠标左键拖动即可，并且还可以绘制以 45° 为角度增量倍数的直线，如图 1–4–1 所示。

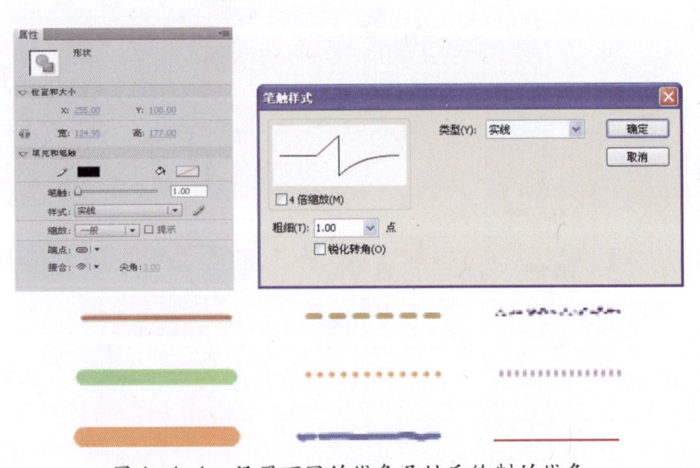

图 1–4–1　设置不同的线条属性后绘制的线条

铅笔工具：在 Flash CS5 中，使用铅笔工具可以绘制任意线条。在工具箱中选择铅笔工具后，在所需位置按下鼠标左键拖动即可。在使用铅笔工具绘制线条时，按住 Shift 键，可以绘制出水平或垂直方向的线条，如图 1–4–2 所示。

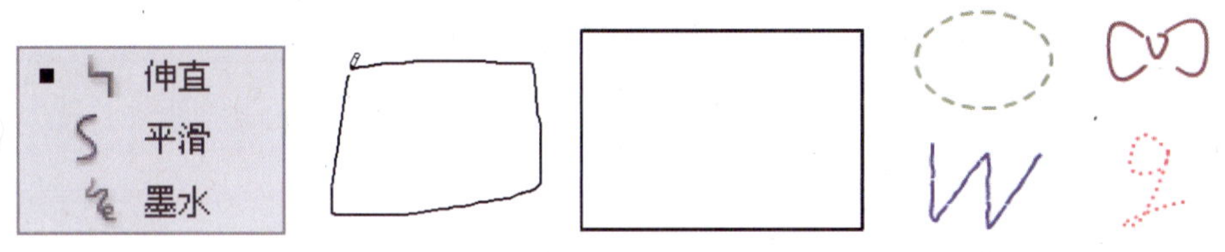

图 1—4—2　铅笔工具“属性”面板　设置不同的线条属性后绘制的图形

钢笔工具：常用于绘制比较复杂、精确的曲线。Flash CS5 中的钢笔工具分为钢笔、添加锚点、删除锚点和转换锚点工具，如图 1–4–3、图 1–4–4 所示。

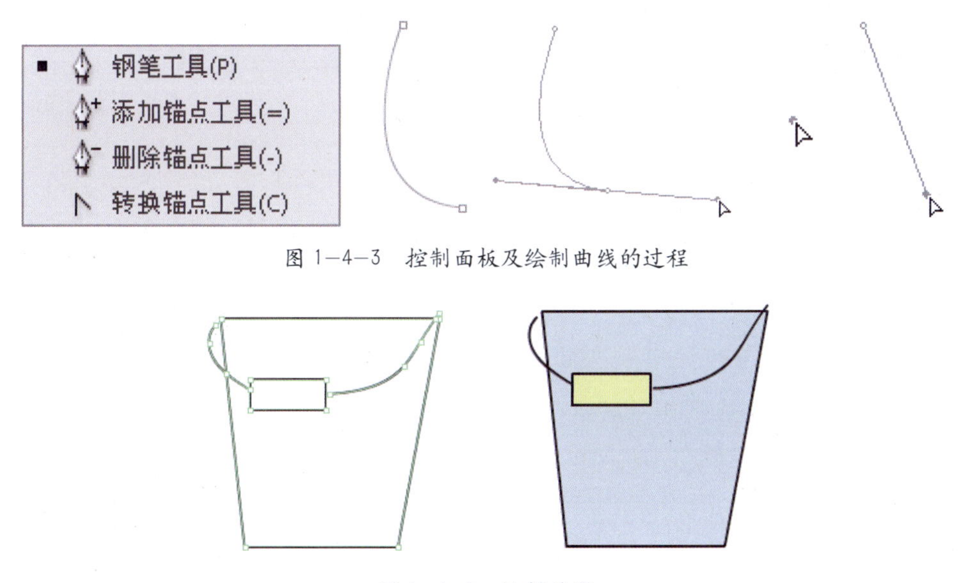

图 1—4—3　控制面板及绘制曲线的过程

图 1—4—4　绘制效果

刷子工具：选择刷子工具，在舞台上单击鼠标，按住鼠标不放，随意绘制出笔触。可以在刷子工具属性面板中设置不同的笔触颜色和平滑度，如图 1–4–5、图 1–4–6 所示。

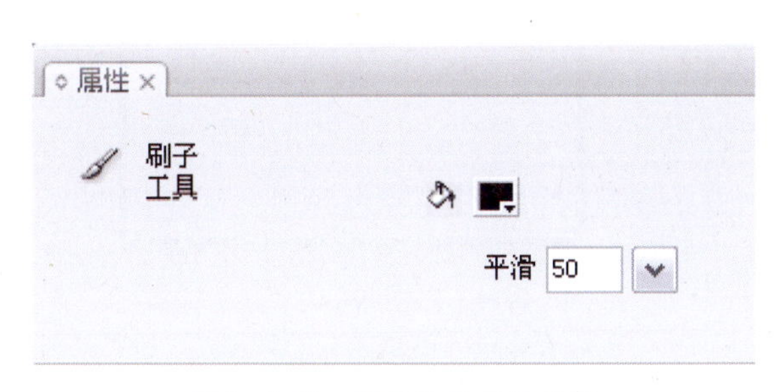

图 1—4—5　刷子工具属性面板

图 1-4-6　设置不同的刷子形状后所绘制的笔触效果

图形的绘制与选择工具包括：矩形工具、多角星形工具、选择工具、部分选取工具、套索工具等。

矩形和基本矩形工具：选择工具面板中的矩形工具，在设计区中按住鼠标左键拖动，即可开始绘制矩形。如果按住 Shift 键，可以绘制正方形图形，如图 1-4-7 所示。

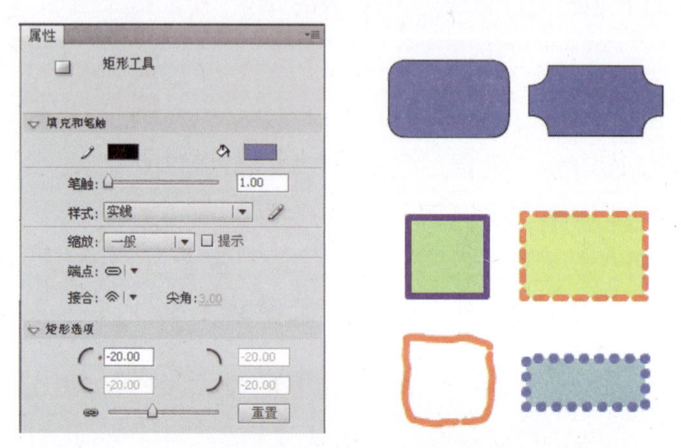

图 1-4-7　设置不同的边框属性和填充颜色后绘制的图形

多角星形工具：绘制几何图形时，多角星形工具也是常用工具。使用多角星形工具可以绘制多边形图形和多角星形图形，在实际动画制作过程中，这些图形经常会用到的，如图 1-4-8 所示。

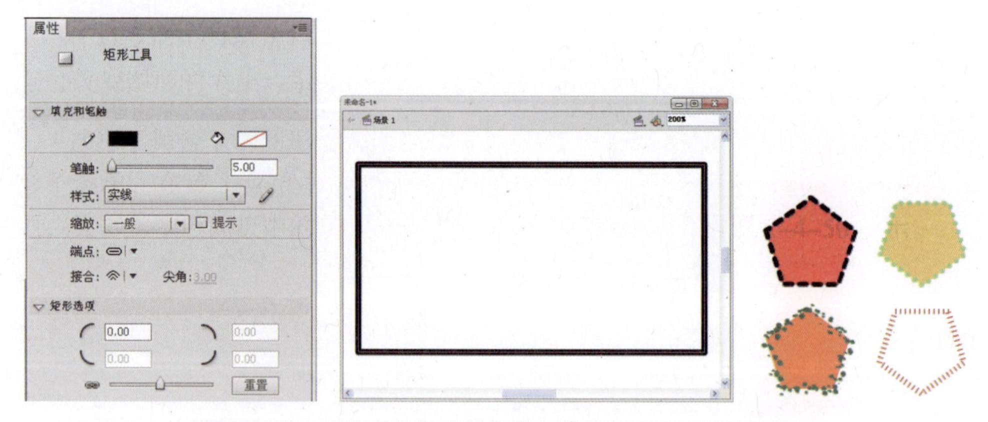

图 1-4-8　设置不同的边框属性和填充颜色后绘制的图形

椭圆和基本椭圆工具：选择工具面板中的椭圆工具，在设计区中按住鼠标拖动，即可绘制出椭圆。按住 Shift 键，可以绘制一个正圆图形，如图 1-4-9 所示。

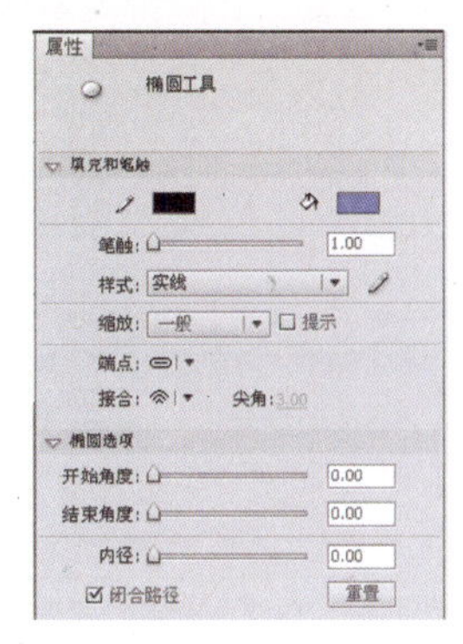

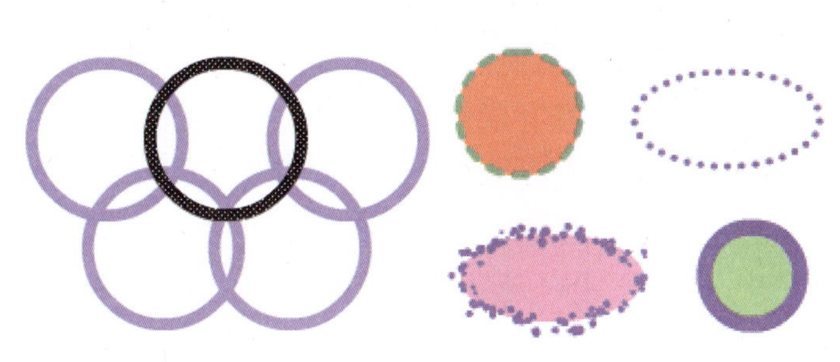

图 1—4—9　设置不同的边框属性和填充颜色后绘制的图形

选择工具：在舞台中的对象上单击鼠标进行点选，即可选择对象。按住 Shift 键，再点选对象，可以同时选中多个对象。在舞台中拖曳出一个矩形可以框选对象。

部分选取工具：其主要用于选择线条、移动线条和编辑节点以及节点方向等。它的使用方法和作用与选择工具类似，区别在于使用部分选取工具选中一个对象后，对象的轮廓线上将出现多个控制点，如图 1-4-10 所示。

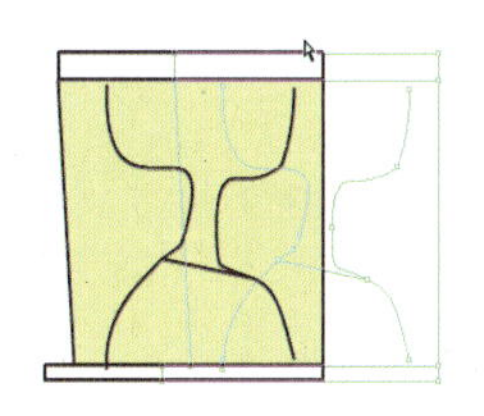

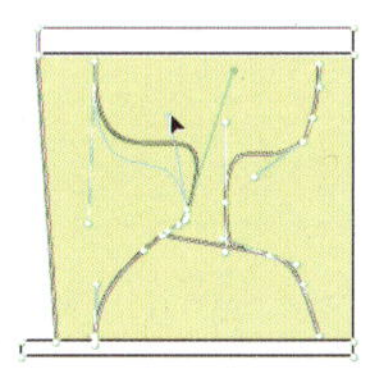

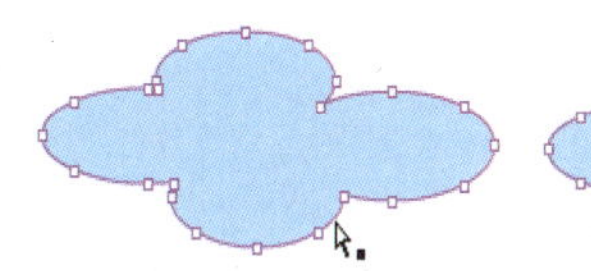

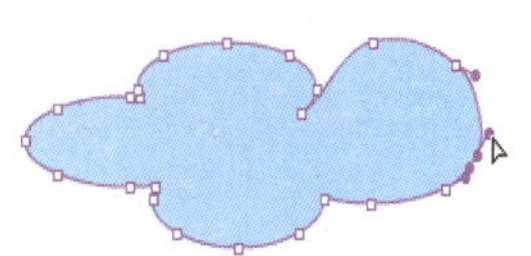

图 1—4—10　部分选取工具绘制对象

1.4.1　矢量图形的特点及编辑

物件：Flash 舞台上所有编辑对象的总称。

舞台层物件是指未经组合的、紧贴在舞台上的物件，处于离散点状态的图形。其特点是：图形之间没有上下层之分；填充色相同的两个物件相互叠加时互相粘连；填充色不同的两个物件相互叠加时互相剪切。浮动层物件是指漂浮在舞台层之上的物件，物件之间有上下层的关系，包括组合图形、文字、位图、元件等。

改变浮动层物件之间的上下层关系：

（1）“修改”→“排列”→“调整层次关系”。

（2）右键选择→“修改命令”→“排列”→“调整层次关系”。

移动和复制对象：点击“选择工具”，点选中对象，按住鼠标不放，直接拖曳对象到任意位置；点击“选择工具”，点选中对象，按住 Alt 或 Ctrl 键，拖曳选中的对象到任意位置，选中的对象被复制。

调整向量线条和色块：点击“选择工具”，将鼠标移至对象，鼠标下方出现圆弧。拖动鼠标，对选中的线条和色块进行调整。

套索工具：选择“套索工具”，用鼠标在位图上任意勾选想要的区域，形成一个封闭的选区，松开鼠标，选区中的图像被选中。

魔术棒按钮：选中“魔术棒按钮”，将光标放在位图上，在要选择的位图上单击鼠标，与点取点颜色相近的图像区域被选中。

多边形模式按钮：选中“多边形模式按钮”，在图像上单击鼠标，确定第一个定位点，松开鼠标并将鼠标移至下一个定位点，再单击鼠标，用相同的方法直到勾画出想要的图像，并使选取区域形成一个封闭的状态，双击鼠标，选区中的图像被选中，如图 1-4-11 所示。

图 1-4-11　绘制效果

实例 1——制作花开动画

最终效果如图 1-4-12 所示。

图 1-4-12　花开动画

操作步骤：

（1）启动 Flash。在安装了 Flash CS5 的系统中，双击桌面上的 Flash CS5 图标，即可启动 Flash CS5。

（2）创建文档。在弹出的欢迎界面上，选择新建栏中的 ActionScript3.0，新建一个文档，如图 1-4-13 所示。

图 1-4-13　新建文档

（3）也可以在欢迎界面关闭的情况下，点击菜单栏的“文件”→“新建”（快捷键 Ctrl+N），设置新建文档的属性，如图 1-4-14 所示。

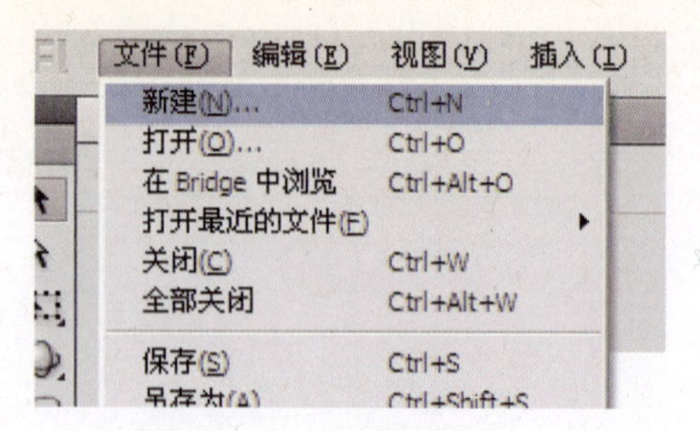

图 1-4—14　新建属性面板

（4）绘画元件：开始制作花盆中的枝条发芽长大并开出花朵的动画。点击库面板中的新建元件的图标，如图 1-4-15 所示。

图 1-4—15　新建元件

（5）在弹出的对话框中，更改元件名称为“花盆”，类型选择图形，如图 1-4-16 所示。

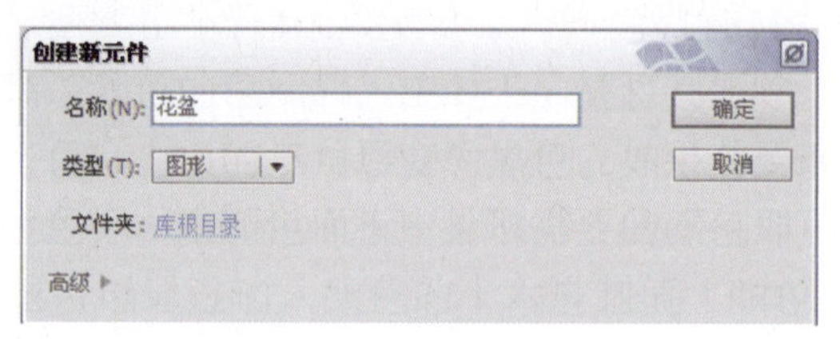

图 1-4—16　创建花盆元件

（6）点击确定，这时库面板中就将出现一个叫作花盆的元件，如图 1-4-17 所示。

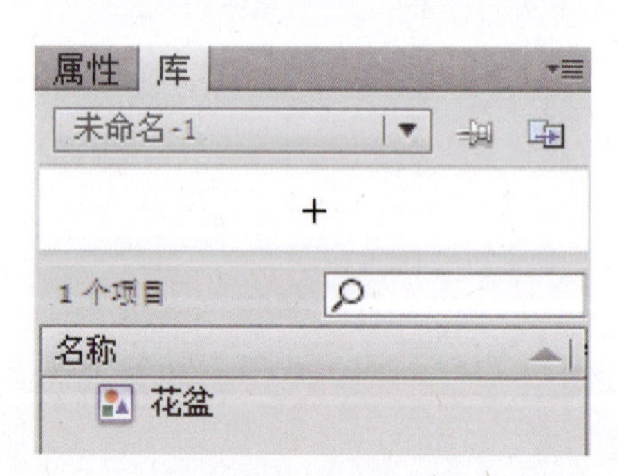

图 1-4—17　花盆元件

（7）在花盆元件中用户开始绘画花盆：先用直线工具配合选择工具绘画出花盆的轮廓线，再使用颜料桶工具，填充颜色，最后删除线条，如图 1-4-18 所示。

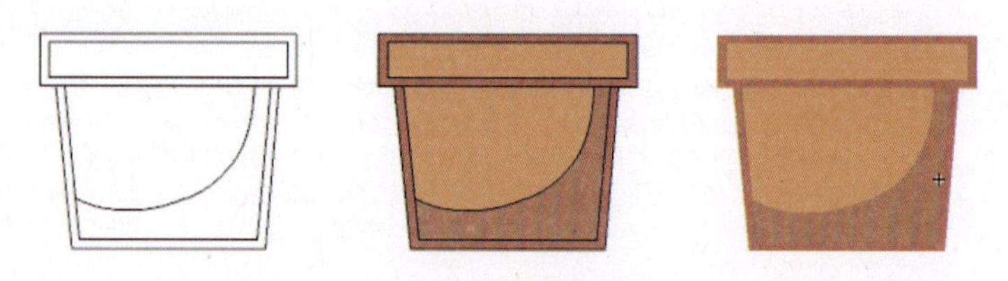

图 1-4—18　花盆轮廓效果

（8）使用同样方法新建元件，起名为“枝条”，类型为图形，绘制如图 1-4-19 所示。

图 1-4-19　枝条元件

（9）完成后，返回到主场景，可以点击舞台左上角的“场景”图标实现，如图 1-4-20 所示。

图 1-4-20　点击“场景”图标

（10）在时间轴面板中，将库面板中的花盆元件拖入到舞台中，这时时间轴面板的图层 1 显示的就是花盆元件了，空白关键帧变成了关键帧，双击图层一的名称，将名称更改为“花盆”，如图 1-4-21 所示。

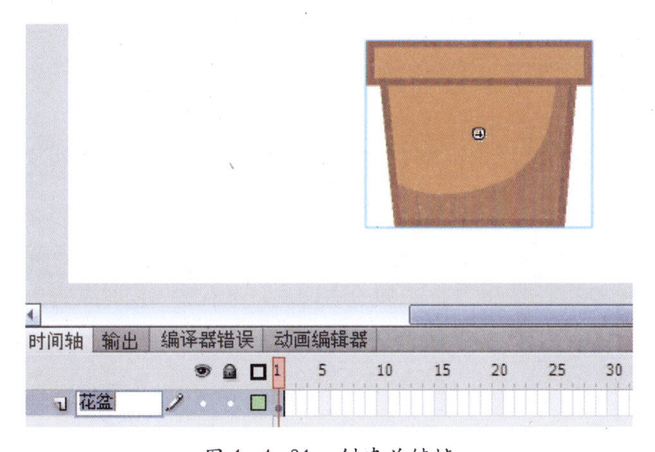

图 1-4-21　创建关键帧

（11）点击时间轴面板左下角的新建图层按钮，新建一个图层，更改名称为“枝条”，为避免误操作用户可以将暂时不用的图层锁住，如图 1-4-22 所示，这时即可把花盆图层锁住。

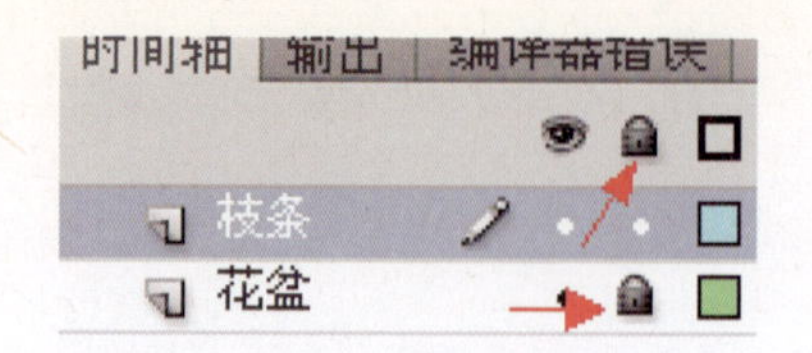

图 1-4—22 新建图层“枝条”

（12）确定在枝条图层下将库面板中的枝条元件拖拽到舞台。选中枝条图层，鼠标左键点住后不松手拖动到花盆图层的下面，当显示出如图 1-4-23 所示的黑线时松手。

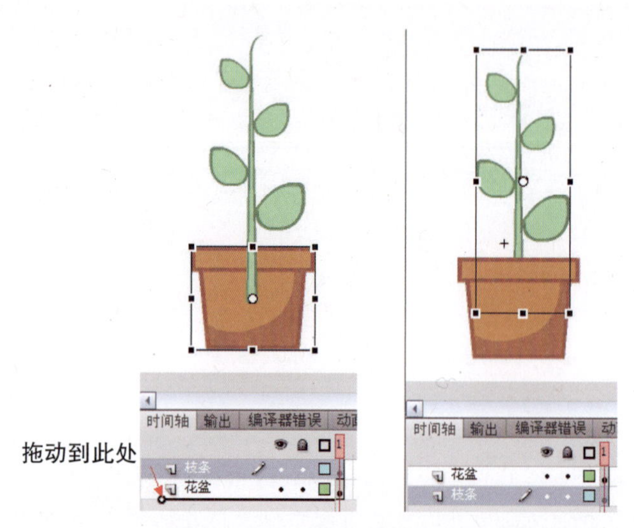

图 1-4—23 拖动枝条图层到花盆图层

（13）这时花盆图层就在枝条图层的上面了，花盆就遮挡住一部分枝条。

（14）制作动画：为了体现枝条破土而出的效果，可将先制作枝条的位移动画。假设需要枝条破土而出的时间为 70 帧，那就将两个图层的第 70 帧选中并按快捷键 F6 或者右键在弹出的对话框中选中插入快捷键，设置为关键帧，如图 1-4-24 ~ 1—4—26 所示。

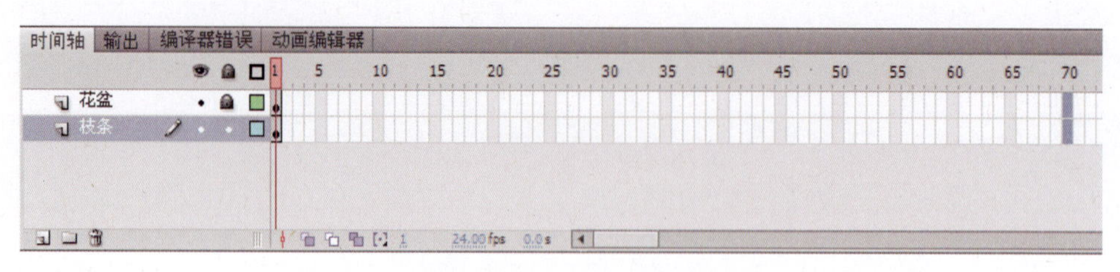

图 1-4—24 选中两个图层第 70 帧

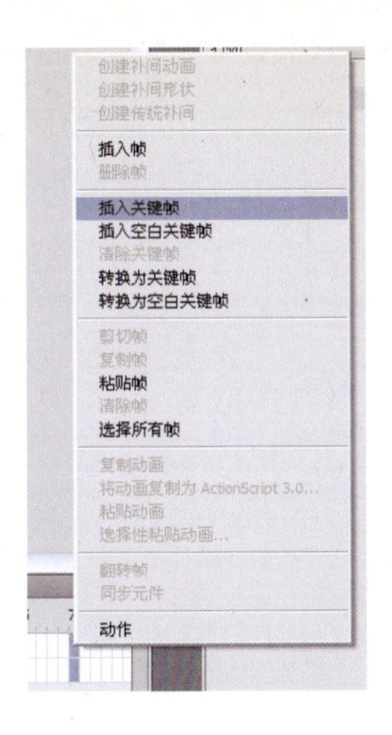

图 1–4–25　插入关键帧

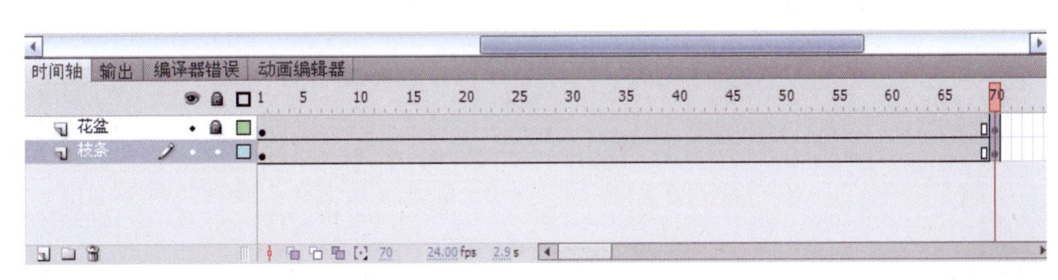

图 1–4–26　设置关键帧动画

（15）将枝条图层的第一帧选中，把枝条元件拖动到花盆下面，如图 1–4–27 所示。

图 1–4–27　拖动枝条元件到花盆下面

（16）在枝条图层中的两个关键帧中选中任意一帧右键，在弹出的对话框中选择“创建传统补间”，如图 1–4–28 所示。

这样就完成了枝条的位移动画，如图 1–4–29 所示。

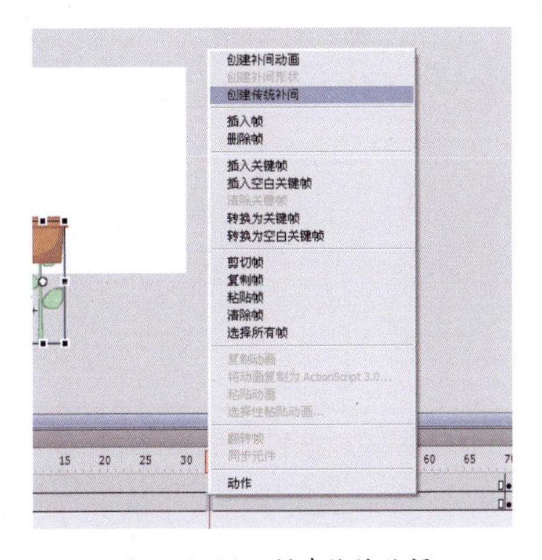

图 1–4–28　创建传统补间

图 1–4–29　位移动画效果

（17）接下来需要制作遮罩动画了。注：遮罩动画就是用遮罩层中物体的形状来显示被遮罩层中的物体，并且遮罩层和被遮罩层都可以制作动画。

（18）在上述动画中我们需要显示的是花盆以上的枝条，这时需要在枝条图层上再新建一图层，更改名称为矩形遮罩，并在矩形遮罩图层中的花盆上绘制一个可以遮挡住枝条的矩形，如图 1-4-30 所示。

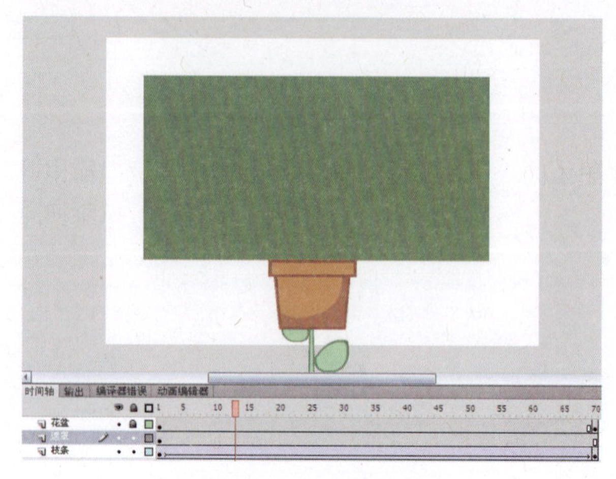

图 1-4-30　绘制矩形遮罩

（19）然后右击矩形遮罩图层的名称，在弹出的对话框中选择遮罩层，这时矩形遮罩图层将变为遮罩层，如图 1-4-31 所示。

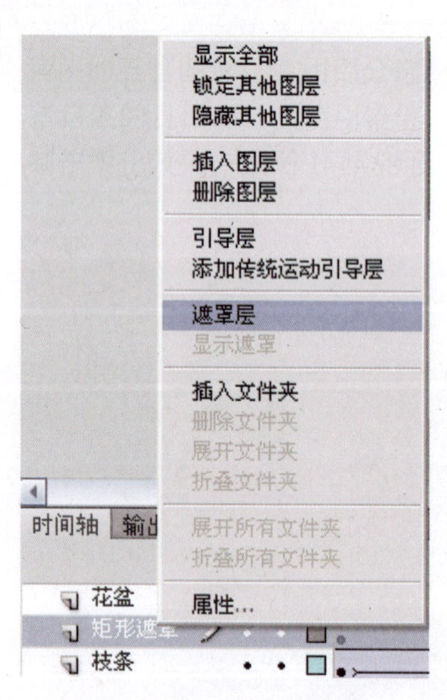

图 1-4-31　设置遮罩层

（20）程序会自动将遮罩层下面的一个图层收纳为被遮罩层，这时就可透过矩形遮罩图层中的矩形状看到被遮罩层——枝条层中的物体枝条，而没有矩形的地方如花盆的下面就不显示，如图 1-4-32 所示。

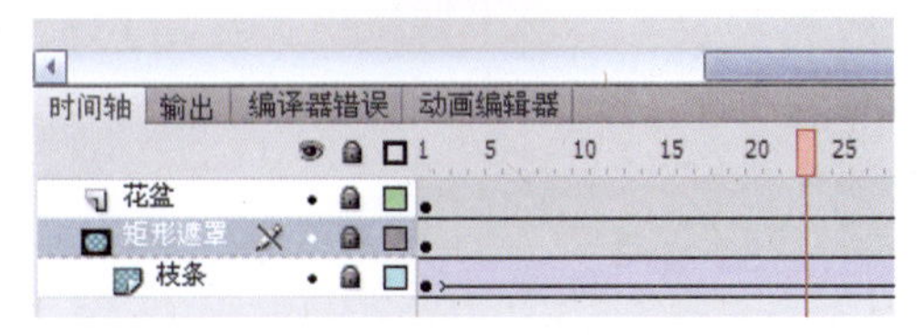

图 1-4-32　只显示矩形框中的枝条

（21）开始制作花朵的动画。就是一个简单的形变动画。首先，新建一元件，取名为花，类型为图形，先在第一帧绘画出一个花苞，如图 1-4-33 所示。

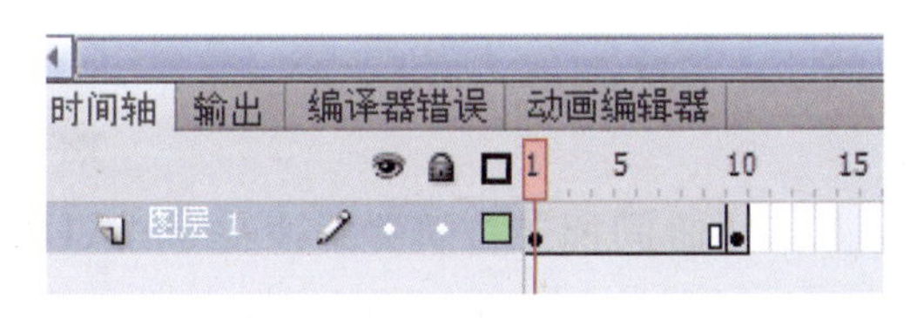

图 1-4-33　绘画一个花苞

（22）在第 10 帧时绘画出绽放的花朵，如图 1-4-34 所示。

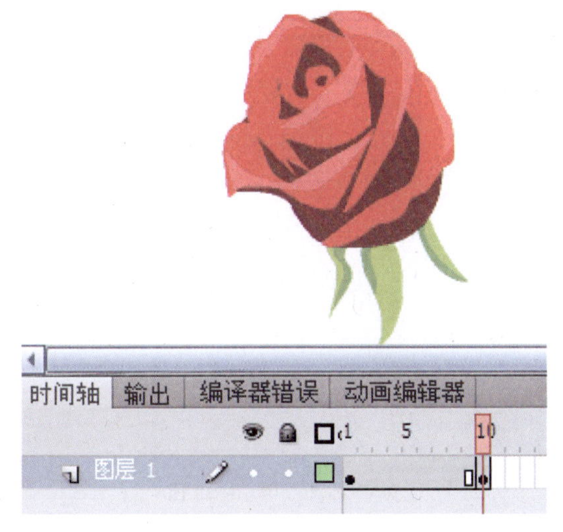

图 1-4-34　绽放的花朵

（23）在第五帧时按 F6 键，在第 5 帧和第 10 帧这两个关键帧中选择任意一帧右键选择“创建补间形状”，如图 1-4-35 所示。

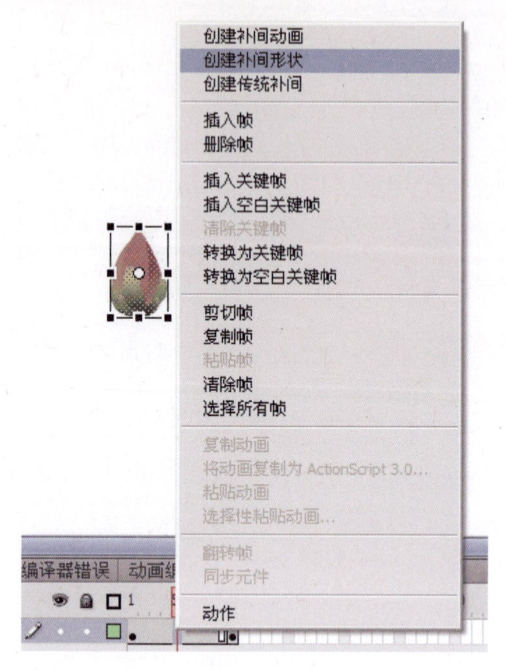

图 1-4-35　创建补间形状

如果需要最后一帧持续显示就在需要延续到的那帧按快捷键 F5，形变动画就形成了。需要制作形变动画的对象必须是散件，而不是元件，如图 1-4-36 所示。

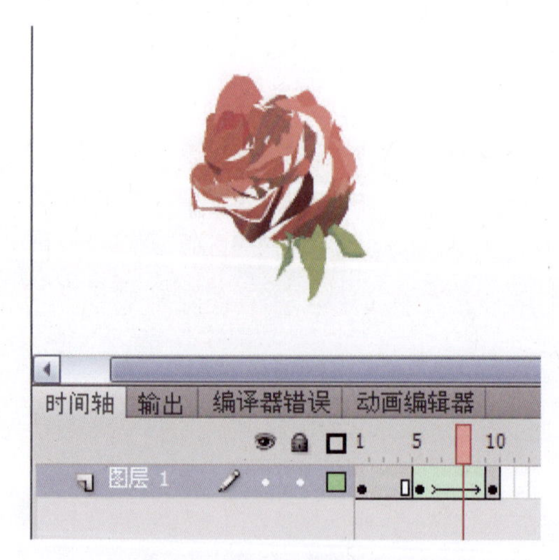

图 1-4-36　制作形变动画

（24）回到场景，新建一图层，更名为“花”。在第 70 帧确定关键帧，将在库面板中的花元件拖入舞台中，在第 74 帧插入关键帧，把第 70 帧的关键帧中花苞缩小一些，将 70 帧与 100 帧中任意一帧选中，右键选择创建传统补间，并将所有图层帧数都延续到 100 帧，如图 1-4-37 所示。

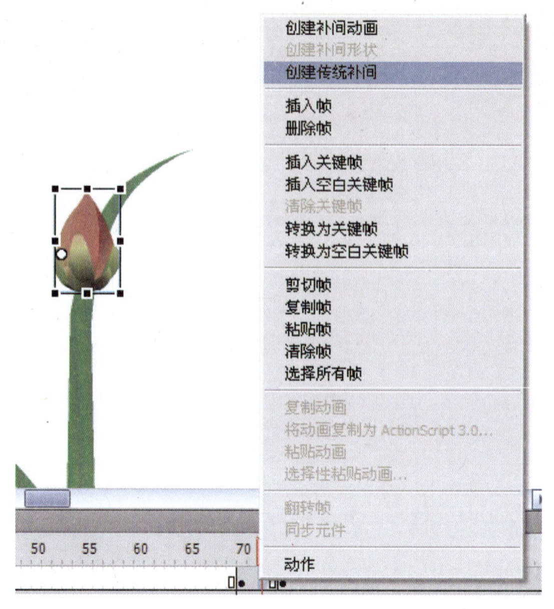

图 1-4-37　创建传统补间动画

（25）保存文档：在完成对 Flash 文档的编辑和修改后，需要对其进行保存。选择“文件”→“保存命令”，在弹出的对话框中设置文件的存储路径、名称和文件类型，单击保存完成。

最终效果如图 1-4-38 所示。

图 1-4-38　最终效果

本节练习案例 1——绘制圣诞树

使用线条工具、颜料桶工具、椭圆工具来完成图形的绘制，如图 1-4-39 所示。

图 1-4-39　效果图

本节练习案例 2——绘制稻草人

使用矩形工具、钢笔工具、套索工具、铅笔工具、线条工具、椭圆工具来完成标志的绘制，如图 1-4-40 所示。

图 1-4-40　练习效果图

1.4.2　图形的编辑与色彩填充

Flash CS5 中的图形由两部分构成，即笔触和填充，因此矢量图形的颜色实际上包括笔触颜色和填充颜色两个部分。对图形进行纯色填充一般需要先创建纯色，然后再使用 Flash 的填充工具来对图形应用创建颜色。创建颜色可以在 Flash 的调色板、样本面板和颜色面板中进行，而对笔触填充纯色可以使用墨水瓶工具，对图形填充颜色可以使用颜料桶工具。

创建颜色：每一个 Flash 文件都有自己的调色板，其存储在 Flash 文档中，Flash 默认的调色板是 256 色的 Web 安全调色板。用户在创建颜色后，可以将颜色添加到调色板中，也可以将当前调色板保存为系统默认调色板，在下次创建文档时使用。

颜色面板：如果需要创建纯色，最好的工具就是使用颜色面板。选择窗口颜色命令并打开颜色面板，可以通过直接拾取颜色来设置选择图形的填充色或笔触颜色，如图 1-4-41 所示。

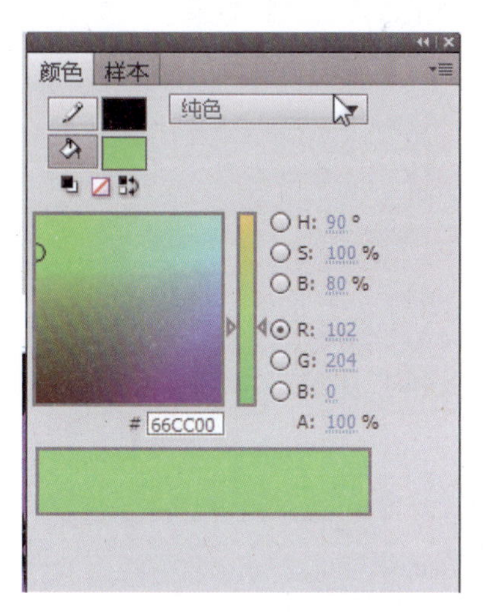

图 1—4—41　颜色面板

调色板：要设置填充色和笔触颜色，可以通过单击工具箱下方的笔触颜色按钮或填充颜色按钮打开调色板。使用调色板，用户可以拾取颜色、设置颜色的 Alpha 值、使用十六进制值来创建颜色以及取消笔触或填充颜色，如图 1-4-42 所示。

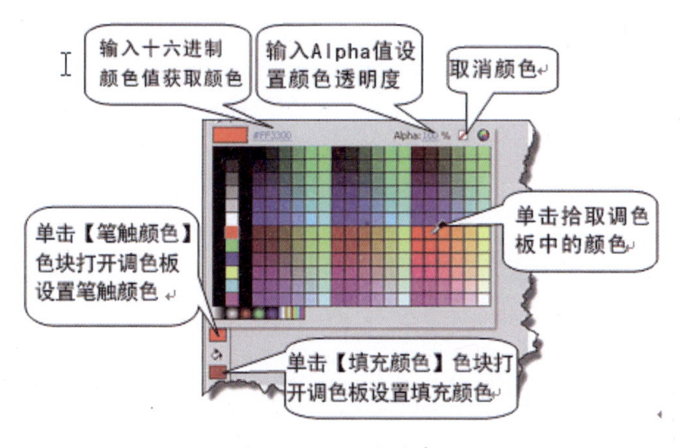

图 1—4—42　调色板

填充纯色：在完成颜色的选择后，即可将颜色应用到图形。Flash 提供了上色工具，可以帮助用户将颜色应用到舞台的图形中。

样本面板：选择窗口样本命令或按 Ctrl+F9 键将打开样本面板，该面板中列出了文档中使用的一些颜色，默认情况下其列出了默认的 Web 安全调色板。在面板中单击某种颜色，即可选取该颜色，如图 1-4-43 所示。

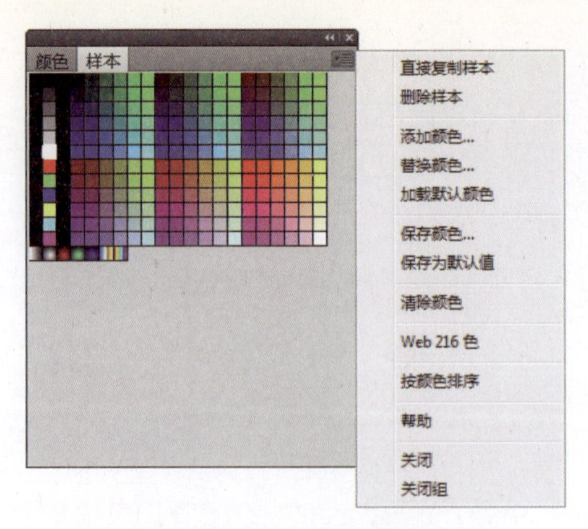

图 1—4—43　样本面板

柔化填充边缘——向外柔化填充边缘：选中图形，选择“修改”→“形状”→“柔化填充边缘命令”，弹出柔化填充边缘对话框，设置后单击确定按钮，如图 1-4-44 所示。

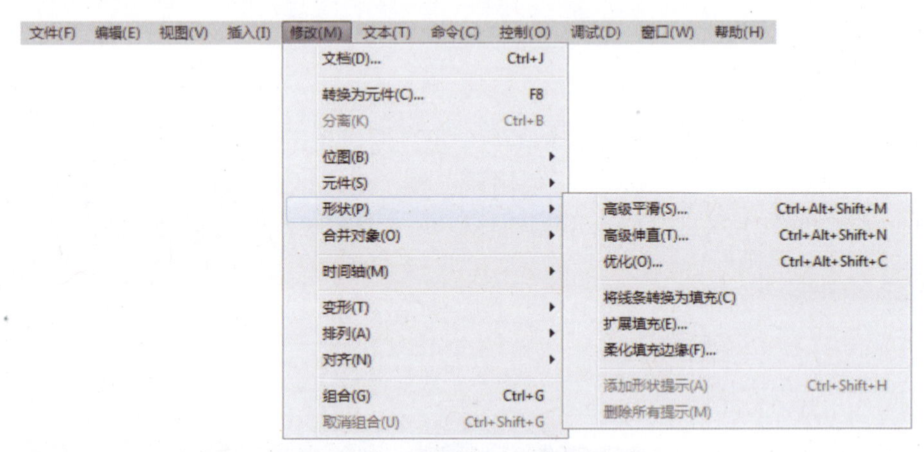

图 1—4—44　柔化填充边缘设置面板

墨水瓶工具：用于当前笔触方式对矢量图形进行描边，以改变矢量线段、曲线或图形轮廓的属性。墨水瓶工具不仅能够改变图形笔触的颜色，还可以更改笔触的高度和样式，如图 1-4-45 所示。

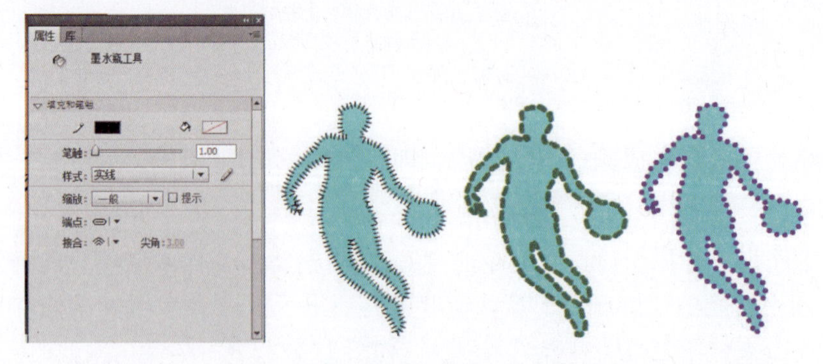

图 1—4—45　在属性面板中设置不同的属性所绘制的边线效果也不同

颜料桶工具：用于使用当前的填充方式对对象进行填充，该工具可以进行纯色填充，也可以实现渐变填充和位图填充。颜料桶工具的使用方法和墨水瓶工具相似，在工具箱中选择该工具后，在属性面板或颜色面板对颜色进行设置，在图形中单击鼠标，即可将颜色填充到图形中，如图 1-4-46 所示。

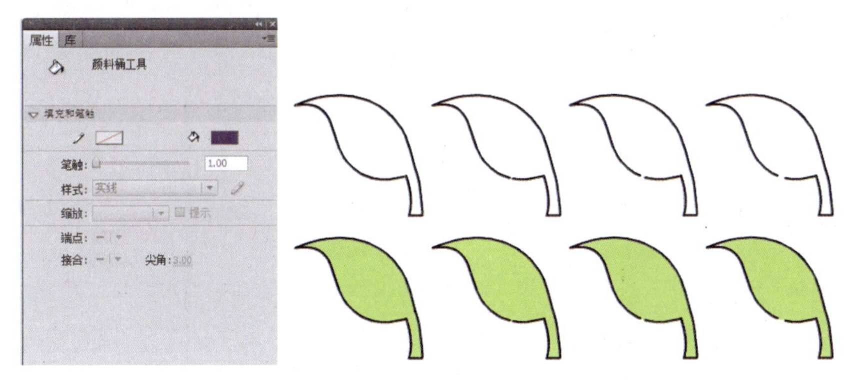

图 1—4—46　根据线框空隙的大小，应用不同的模式进行填充

滴管工具：在对图形进行颜色填充时，有时需要将一个图形中的颜色应用到另外的图形中，此时使用滴管工具可以快速实现这种相同颜色的复制操作，如图 1-4-47 所示。

图形的编辑：墨水瓶工具、颜料桶工具、滴管工具、橡皮擦工具、任意变形工具、渐变变形工具、套索工具、手形工具和缩放工具。

滴管工具：吸取填充色。选择滴管工具，将光标放在左边图形的填充色上，在填充色上单击鼠标，吸取填充色样本，在工具箱的下方，取消对锁定填充按钮的选取，在右边图形的填充色上单击鼠标，图形的颜色被修改。

吸取边框属性：选择滴管工具，将鼠标放在左边图形的外边框上并单击，吸取边框样本，再在右边图形的外边框上单击鼠标，线条的颜色和样式被修改。

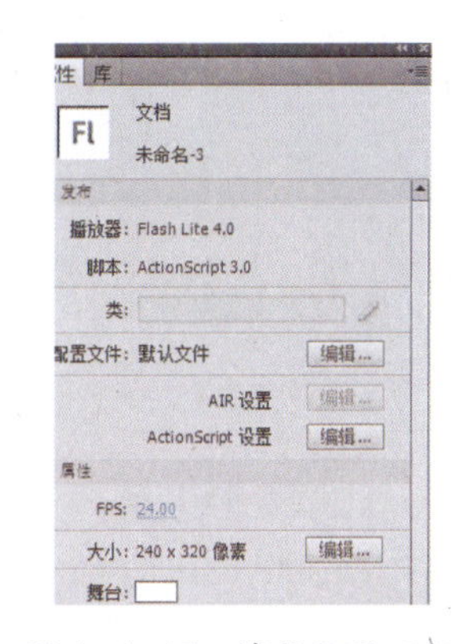

图 1—4—47　滴管设置面板

吸取位图图案：选择滴管工具，将鼠标放在位图上，单击鼠标，吸取图案样本。单击后，在矩形图形上单击鼠标，图案被填充。

吸取文字属性：滴管工具还可以吸取文字的属性，如颜色、字体、字型、大小等。选择要修改的目标文字，选择滴管工具，将鼠标放在源文字上，在源文字上单击鼠标，源文字的文字属性被应用到了目标文字上。

橡皮擦工具：可以快速擦除舞台中的任何矢量对象，包括笔触和填充区域。在使用该工具时，可以在工具箱中自定义擦除模式，以便只擦除笔触、多个填充区域或单个填充区域；还可以在工具箱中选择不同的橡皮擦形状。

在图形上想要删除的地方按下鼠标并拖动鼠标，图形被擦除。在工具箱下方的橡皮擦形状按钮的下拉菜单中，可以选择橡皮擦的形状与大小。如果想得到特殊的擦除效果，系统在工具箱的下方设置了5种擦除模式可供选择，如图1-4-48、图1-4-49所示。

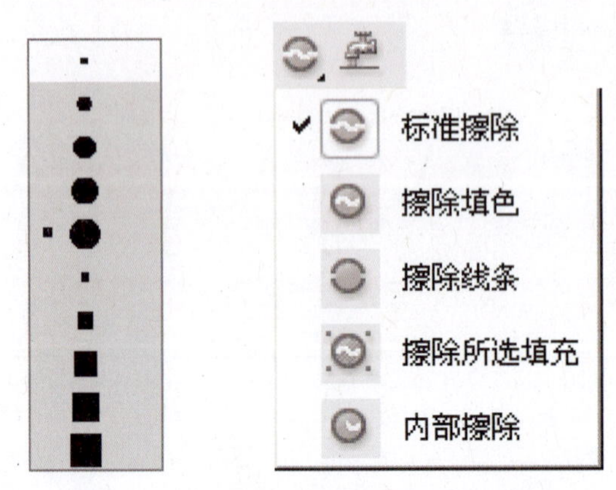

图1—4—48 橡皮的形状及5种擦除模式

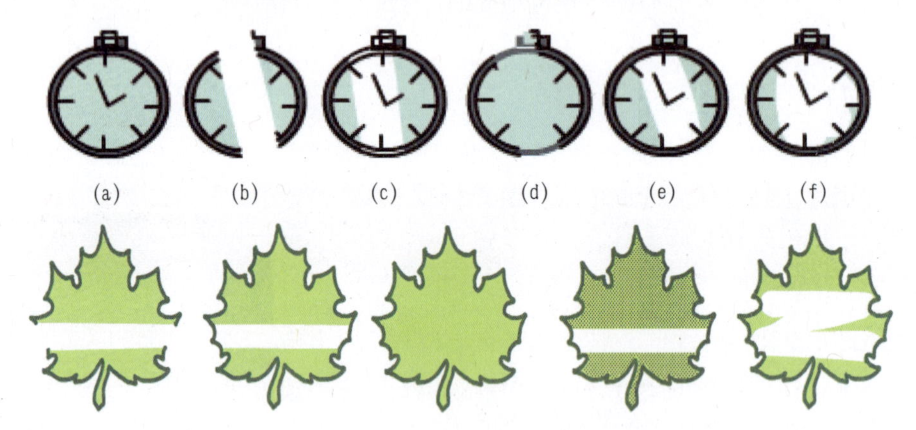

图1—4—49 应用5种擦除模式擦除图形的效果

任意变形工具：选择任意变形工具，在图形的周围将出现控制点，拖动控制点可改变图形的大小。系统在工具箱的下方设置了4种变形模式可供选择。

选择了舞台上的图形对象以后，可以选择“修改”→“变形”命令，打开变形子菜单，在该子菜单中选择需要的变形命令进行图形的变形。这里的命令选项，大多与变形面板中的按钮命令或任意变形工具相同，如图1-4-50所示。

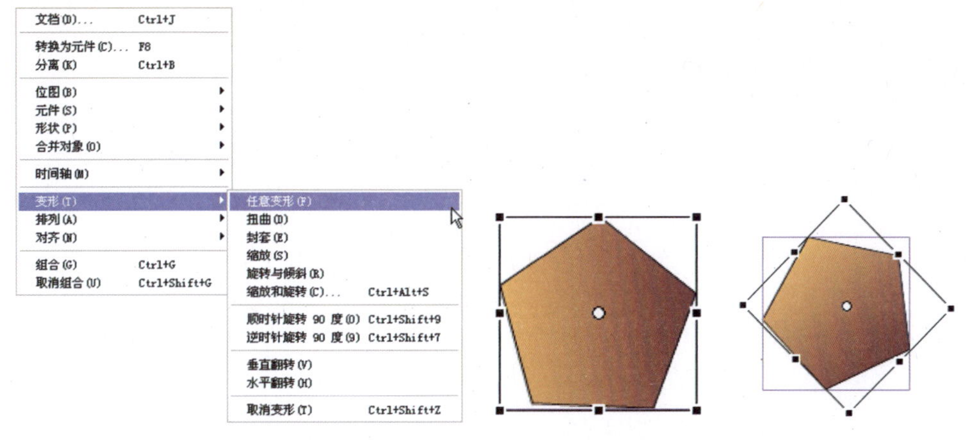

图 1-4-50　任意变形设置

使用变形面板：选择对象后，选择“窗口”→“变形”命令，可以打开变形面板。使用变形面板不仅可以对图形对象进行较为精准的变形操作，还可以利用其重制选区和变形的功能，依靠单一图形对象，创建出复合变形效果的图形，如图 1-4-51 所示。

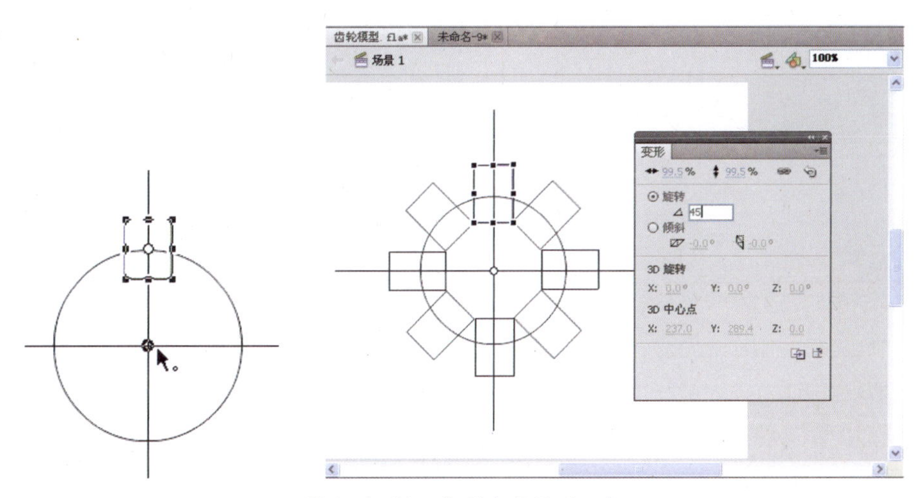

图 1-4-51　变形参数设置面板

使用任意变形工具：可以用来对对象进行旋转、扭曲、封套等操作。选择工具面板中的任意变形工具，在工具面板中会显示贴紧至对象、旋转和倾斜、缩放、扭曲和封套按钮，如图 1-4-52 所示。

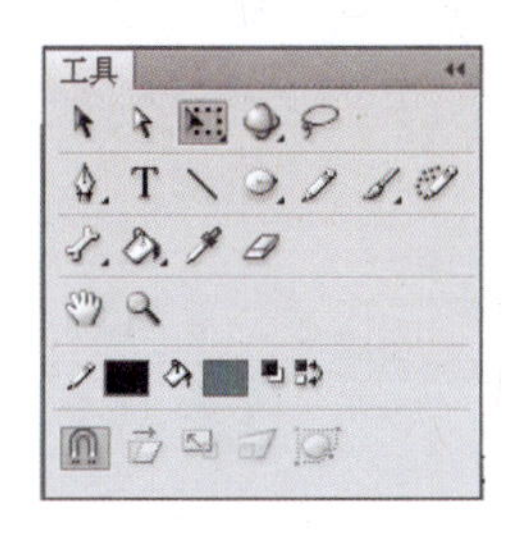

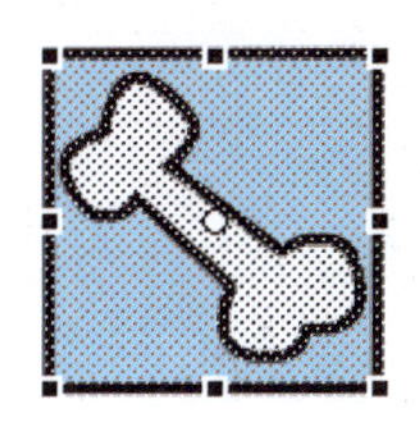

图 1-4-52　变形调整设置

渐变变形工具：使用渐变变形工具可以改变选中图形中的填充渐变效果。当图形填充色为线性渐变色时，选择渐变变形工具，用鼠标单击图形，出现 3 个控制点和 2 条平行线，向图形中间拖动方形控制点，渐变区域缩小。

将鼠标放置在旋转控制点上，拖动旋转控制点来改变渐变区域的角度，如图 1-4-53 所示。

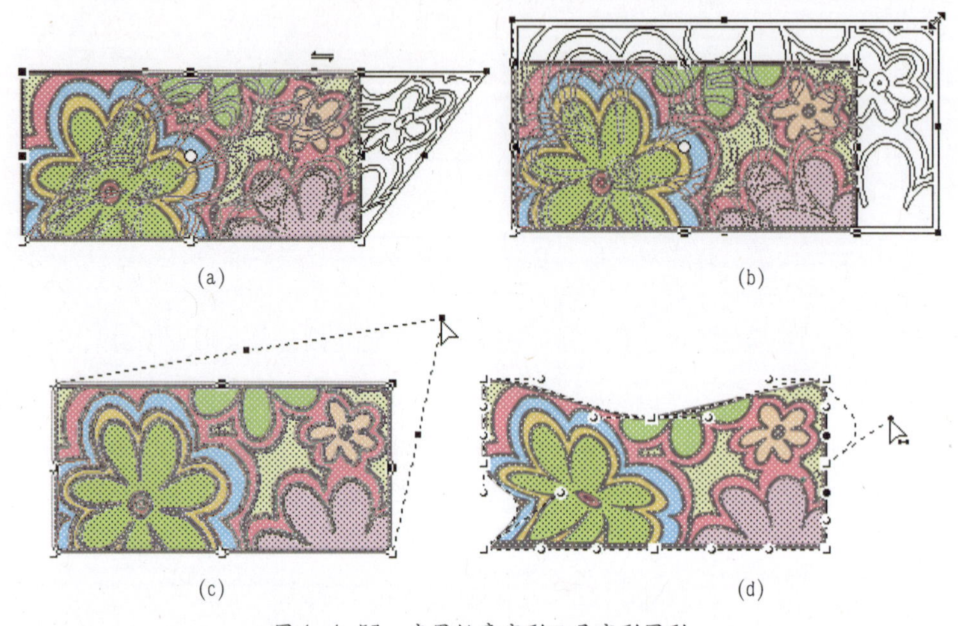

图 1-4-53　应用任意变形工具变形图形

本节练习案例——线稿上色

了解对一个卡通螃蟹线稿上色的过程。在本案例制作过程中，应用颜料桶工具来给线稿的各个部分上色。使用滴管工具来实现对线稿不同部分添加相同的颜色。通过本案例，能够进一步熟悉设置颜色以及将颜色应用到图形中的操作方法，如图 1-4-54 所示。

图 1-4-54　练习效果图

1.4.3 图形的编辑

在 Flash CS5 中，绘制的图形填充颜色不仅仅是使用单一的纯色进行填充，有时还需要填充颜色的渐变效果。在 Flash 中，颜色渐变主要有线性渐变和径向渐变两种形式。

创建渐变：使用预设渐变样式，Flash CS5 提供了预设渐变供用户使用。选择图形后，在属性面板中打开填充颜色调色板，单击调色板下的预设渐变样式即可将其应用到选择的图形，如图 1-4-55 所示。

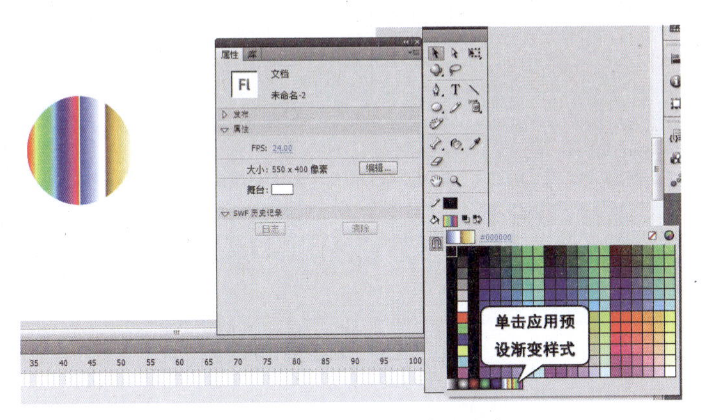

图 1-4-55　渐变调整参数面板

创建渐变效果：可以在颜色面板中进行。在面板中选择需要使用的渐变类型，如这里选择线性渐变，如图 1-4-56 所示。

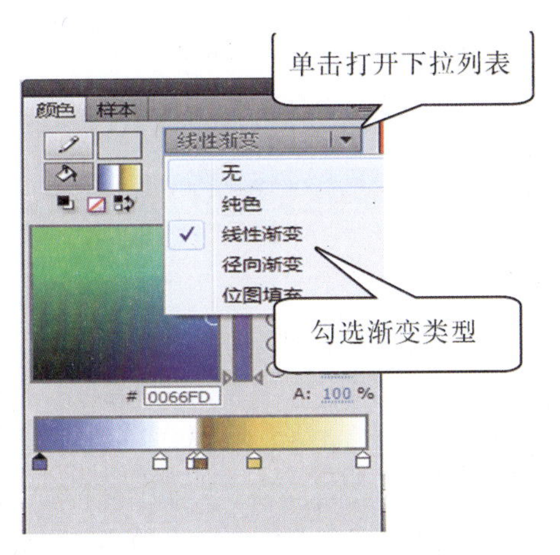

图 1-4-56　颜色渐变类型设置

注：Flash 的色谱条上最多可以有 15 个色标，也就是说 Flash CS5 中最多能够创建具有 15 种颜色的颜色渐变效果。在选择线性渐变模式后，在颜色面板的下方将会出现一个色谱条，色谱条显示出颜色的变化情况。在色谱条下方有颜色色标，它是一种颜色标记，标示出颜色在渐变中的位置。颜色的渐变就是从一个色标所代表的颜色过渡到下一个色标代表的颜色。

如果要向渐变添加颜色，可以将鼠标光标放置在色谱条的下方，单击鼠标即可，如图 1-4-57 所示。

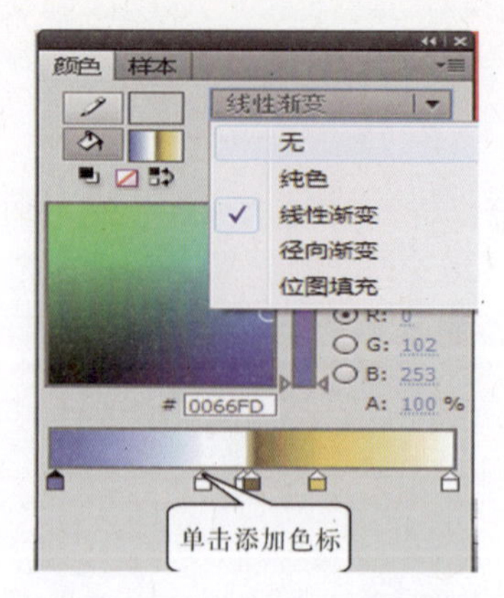

图 1-4-57 渐变颜色色谱条设置

注：如果需要从渐变色中删除颜色，可以将该颜色的色标拖离色谱条即可。同时，也可以在选择该颜色的色标后，按 Delete 键将其删除。这里要注意，在选择某个颜色色标后，色标上面的三角形变为黑色。如果需要改变渐变中的某个颜色，可以选择该颜色色标，在颜色面板中拾取需要的颜色即可。与纯色填充中设置颜色相同，这里也可以通过输入颜色的十六进制值、颜色的 RGB 值和颜色的 HSB 值来设置颜色。同时，也可以通过设置颜色的 Alpha 值来设置颜色在渐变中的透明度，如图 1-4-58 所示。

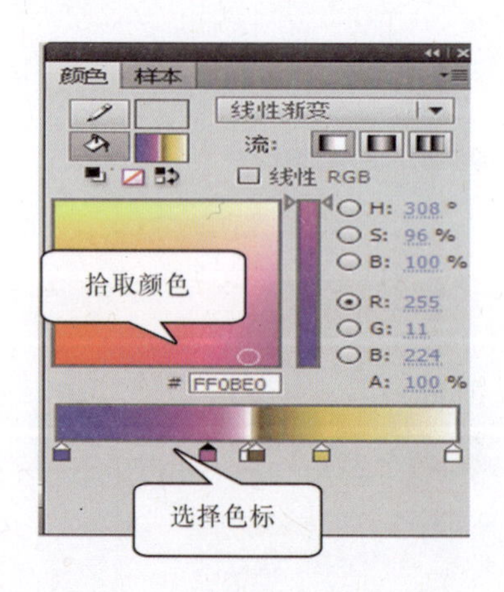

图 1-4-58 应用颜色色谱条设置

如果需要更改某个颜色在渐变中的位置，只需要用鼠标拖动该颜色色标改变其在色谱条上的位置即可，如图 1-4-59 所示。

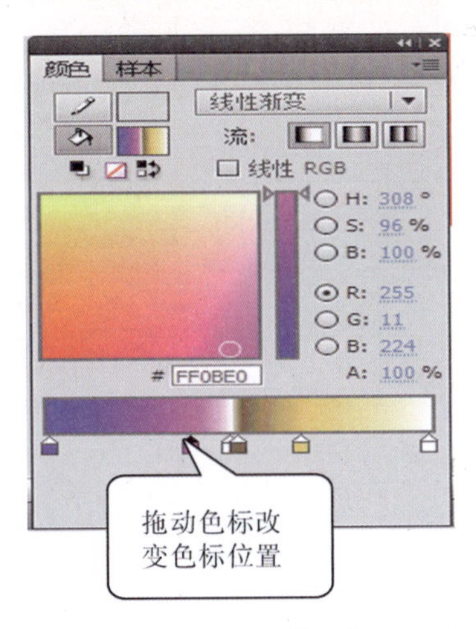

图 1-4-59 调整色谱条颜色设置

渐变的调整：在 Flash 中，渐变变形工具用于控制渐变的方向和渐变色之间的过渡强度，使用该工具能够方便直观地对渐变效果进行调整。

线性渐变的调整：在图形中添加线性渐变效果后，在工具箱中选择渐变变形工具，此时，图形将会被含有控制柄的边框包围，拖动控制柄即可实现对渐变角度、方向和过渡强度进行调整，如图 1-4-60 所示。

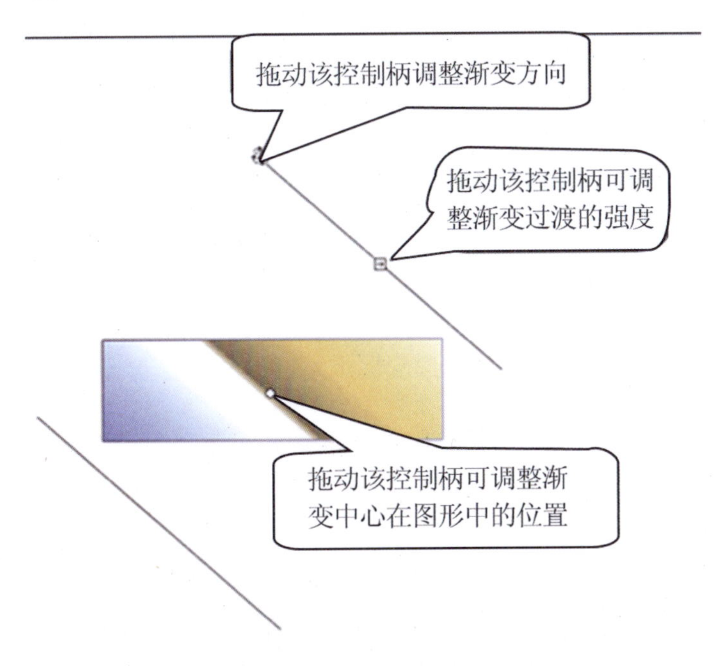

图 1-4-60 线性渐变调整设置面板

径向渐变的调整：在图形中创建径向渐变后，在工具箱中选择渐变变形工具。此时图形将被带有控制柄的圆框包围，拖动控制柄即可实现对渐变效果的调整，如图 1-4-61 所示。

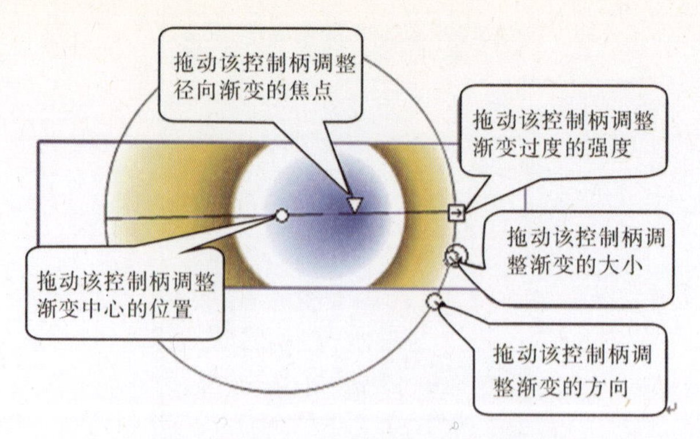

图 1—4—61　径向渐变调整设置

溢出的三种模式：所谓溢出，是指当颜色超出了渐变的限制时，以何种方式来填充空余的区域。简单地说，溢出就是当一段渐变结束时，如果还不能填满整个区域，将怎样来处理多余的空间。要设置渐变的溢出模式，可以在颜色面板中进行，如图 1–4–62 所示。

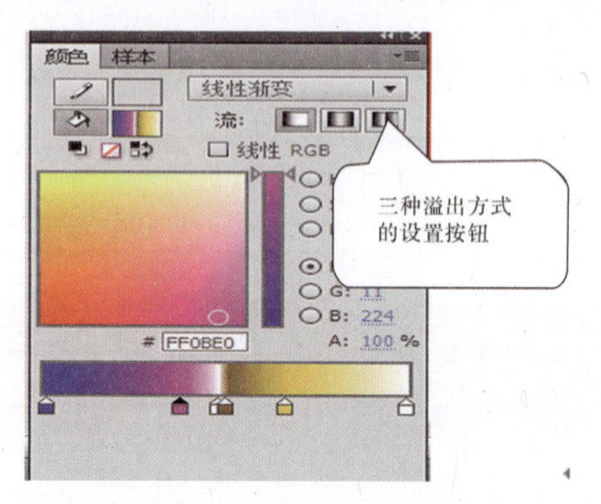

图 1—4—62　溢出模式参数调整面板

本节练习案例——水晶时钟

在本案例的制作过程中，使用椭圆形工具绘制钟面，通过对图形应用线性渐变和放射状渐变来创建水晶玻璃立体效果和透明效果。通过本案例制作，能够熟悉 Flash CS5 中两种渐变模式的创建方法，掌握渐变变形工具的使用技巧。同时，能够了解使用渐变来模拟立体和透明效果的方法，如图 1–4–63 所示。

图 1—4—63　练习效果图

1.4.4　位图的填充

位图填充：对图形进行位图填充的方法与渐变填充类似，可以在颜色面板中选择位图填充并将其应用到图形上，如图 1-4-64 所示。

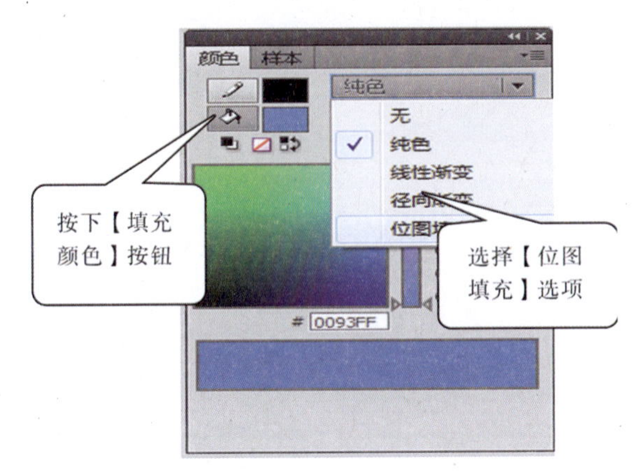

图 1-4-64　位图填充设置面板

调整位图填充：与渐变填充一样，在对图形进行了位图填充后，可以使用渐变变形工具来对位图的填充效果进行修改。在工具箱中选择渐变变形工具，在应用了位图填充的图形上单击，图形将被一个带有控制柄的方框包围。与渐变填充一样，拖动方框上的控制柄能够对填充效果进行修改，如图 1-4-65 所示。

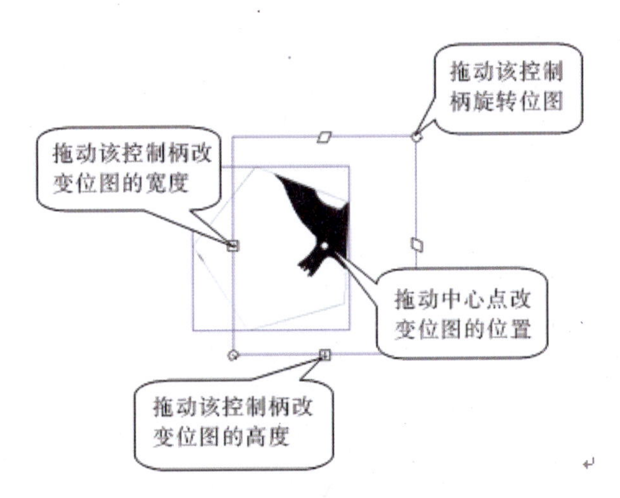

图 1-4-65　调整位图填充设置面板

手形工具和缩放工具：如果图形很大或被放大得很大，那么需要利用手形工具调整观察区域。选择手形工具，光标变为手形，按住鼠标不放，拖动图像到需要的位置。

旋转与倾斜对象：旋转与倾斜对象可以在垂直或水平方向上缩放，还可以在垂直和水平方向上同时缩放，如图 1-4-66 所示。

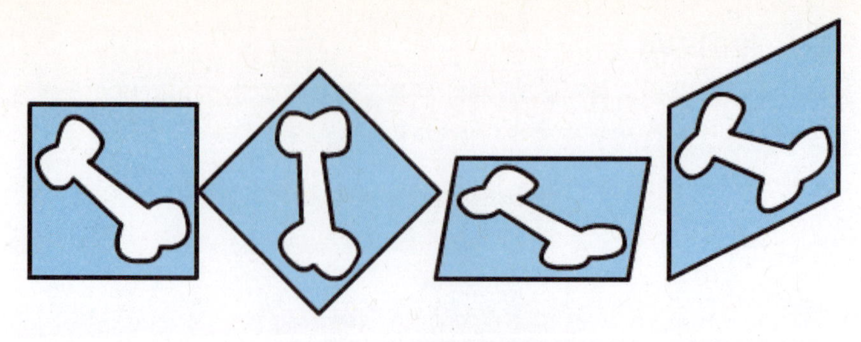

图 1-4-66　旋转与倾斜对象

缩放工具：利用缩放工具，对象可以在垂直或水平方向上缩放，还可以在垂直和水平方向上同时缩放，如图 1-4-67 所示。

图 1-4-67　拖动图像到需要的位置，放大图像中的局部区域

本节练习案例——绘制猪猪侠

使用椭圆工具绘制猪猪侠的五官图形，使用部分选取工具调整节点制作头部效果，使用钢笔工具制作猪猪侠的身体部分，使用铅笔工具绘制四肢图形，使用柔化填充边缘命令为图形制作柔化效果，如图 1-4-68 所示。

图 1-4-68　练习效果图

1.4.5 动作面板

动作面板可以创建和编辑对象或帧的 ActionScript 代码，它主要由动作工具箱、脚本导航器和脚本窗格组成，如图 1-4-69 所示。

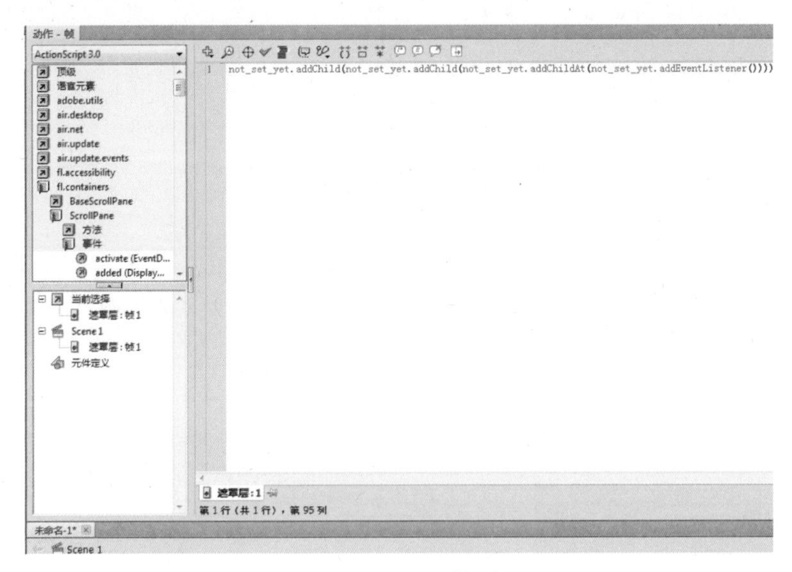

图 1—4—69　动作面板

1.4.6 属性面板

使用属性面板可以很容易地设置舞台或时间轴上当前选定对象的最常用属性，从而加快了 Flash 文档的创建过程，如图 1-4-70 所示。

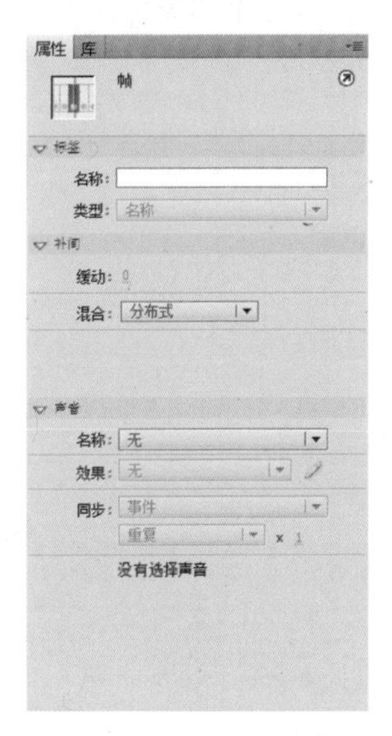

图 1—4—70　属性面板

当选定对象不同时，属性面板中会出现不同的设置参数，针对此面板的使用在后面的章节里会陆续介绍。

1.4.7 滤镜面板

Flash CS5 中滤镜面板有所不同，其 Flash CS5 的滤镜不是那种直接通过小加号选择的，而变成了类似图层的标记，在滤镜窗口的左下角，可以通过新建滤镜的小按钮，找到熟悉的模糊、发光之类的滤镜，前提是要针对影片剪辑或按钮才能选择滤镜。滤镜面板和属性面板在同一面板中，针对此面板的使用在后面的章节里会详细讲解，如图 1-4-71 所示。

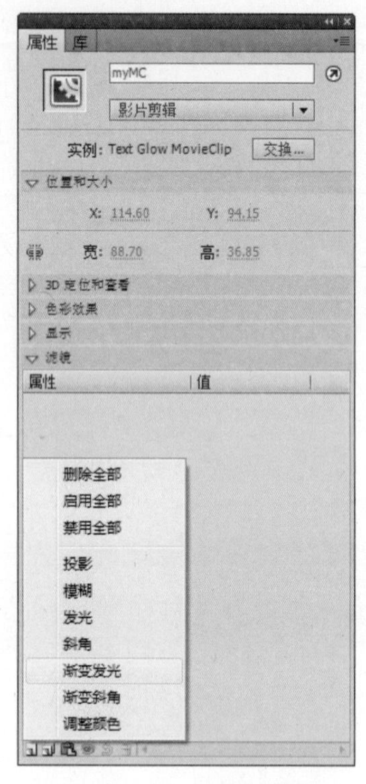

图 1-4-71　滤镜面板

1.5　绘制图形

※ 学习目标

利用各种规则与不规则图形绘制完成案例效果，通过图形工具的使用为图形增添色彩。

※ 课程重点

矩形工具、基本矩形工具、填充与笔触、椭圆工具、基本椭圆工具、多角星形工具。

矩形工具和基本矩形工具：矩形工具和基本矩形工具主要用来绘制矩形、正方形和圆角矩形，在完成图形的绘制后，使用属性面板对绘制的图形进行设置。

在工具箱中选择矩形工具，将鼠标光标移动到舞台上，当光标变为十字形时，拖动鼠标即可根据属性面板的设置绘制出需要的矩形，如图 1-5-1 所示。

图 1-5-1　矩形工具属性面板

设置图形的位置和大小：在完成图形的绘制后，可以使用属性面板对图形的属性进行设置。在工具箱中单击“选择工具”框选绘制的图形，在属性面板的位置和大小栏中设置图形的位置以及图形的宽高，如图 1-5-2 所示。

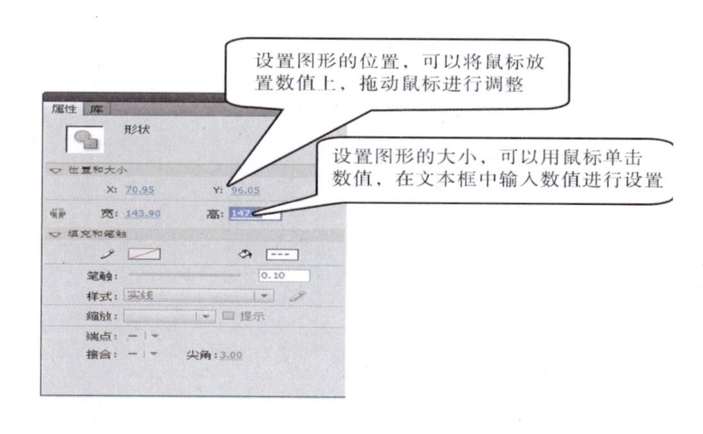

图 1-5-2　图形设置参数面板

填充和笔触：Flash 中的每个图形都开始于一种形状，该形状由两个部分组成，即填充和笔触。填充是形状里面的部分，笔触就是形状的轮廓线。填充和笔触是互相独立的，可以修改或删除一个而不影响另一个部分，如图 1-5-3 所示。

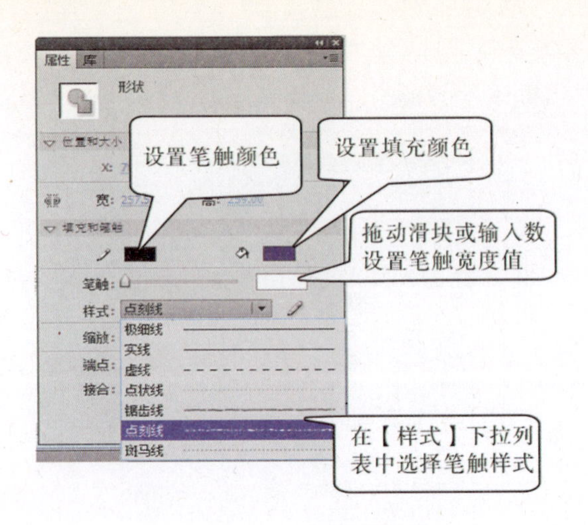

图 1—5—3　笔刷属性面板

椭圆工具和基本椭圆工具：椭圆工具和基本椭圆工具可以用来绘制椭圆形、圆形和圆环，其中椭圆工具还可以用来绘制任意圆弧。这两个工具绘制图形的操作与矩形工具和基本矩形工具基本相同。

在工具箱中选择椭圆工具，在属性栏中对工具属性进行设置后，在舞台上拖动鼠标即可绘制出需要的图形，如图 1–5–4 所示。

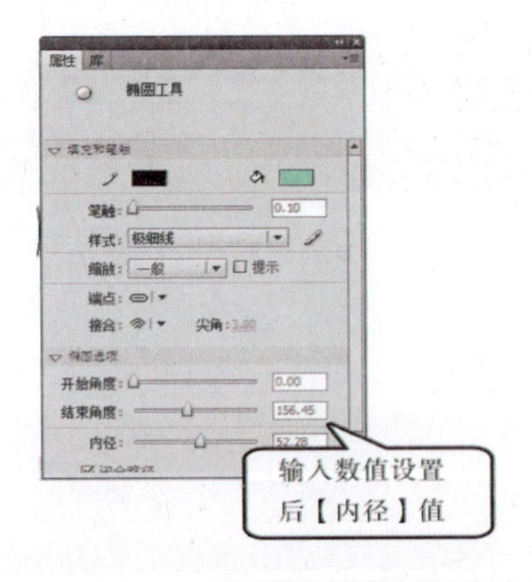

图 1—5—4　椭圆工具参数面板

（1）基本椭圆工具：在工具箱中选择基本椭圆工具，在属性栏中根据需要设置图形属性，在舞台上拖动鼠标即可绘制需要的图形，如图 1–5–5 所示。

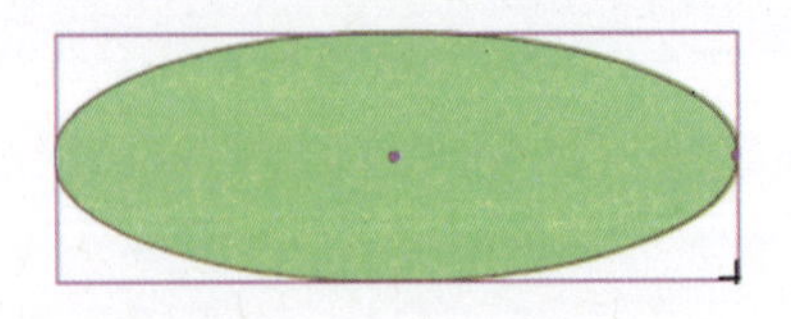

图 1—5—5　椭圆工具应用

（2）基本椭圆工具：在属性面板的椭圆选项栏中设置开始角度和结束角度的值可以获得扇形，如图 1–5–6 所示。

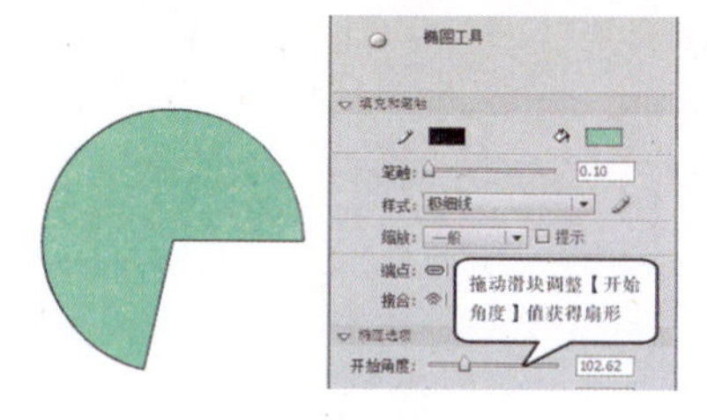

图 1–5–6　椭圆选项栏面板

在属性面板的椭圆选项栏中设置内径值可以获得环形，如图 1–5–7 所示。

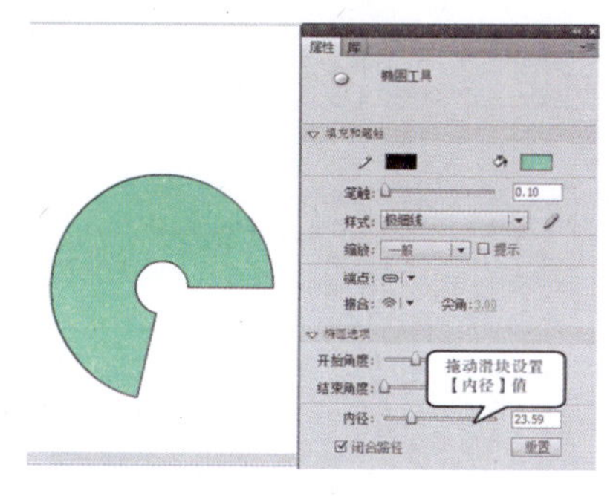

图 1–5–7　椭圆选项栏设置

在属性面板的椭圆选项栏中取消闭合路径复选框的勾选，则图形将不再封闭，此时可以获得弧形，如图 1–5–8 所示。

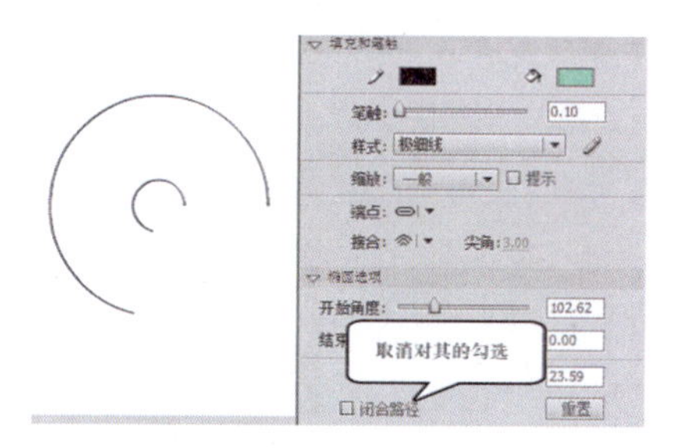

图 1–5–8　椭圆选项栏设置

在工具箱中选择“选择工具”，拖动图形上的控制柄，可以对图形的形状进行修改，如图 1–5–9 所示。

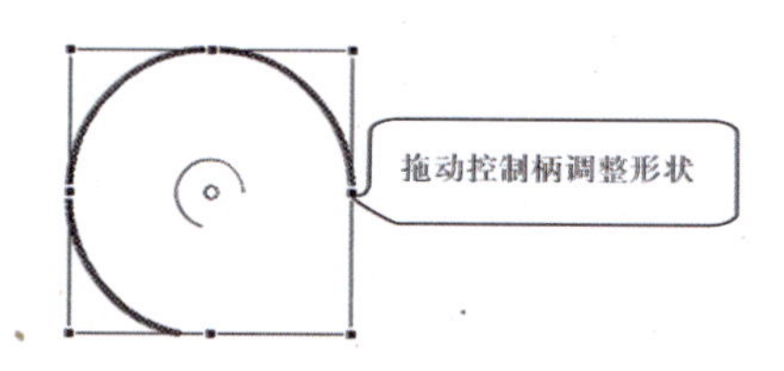

图 1–5–9　拖动控制柄调整形状

多角星形工具：使用多角星形工具绘制图形的方式与前面介绍的两类工具的绘图方式是相同的，可以用来绘制星形图案和多边形，如五角星或五边形等。

在工具箱中选择多角星形工具，在属性面板中对图形进行设置，在舞台上拖动鼠标即可绘制需要的图形，如图 1–5–10 所示。

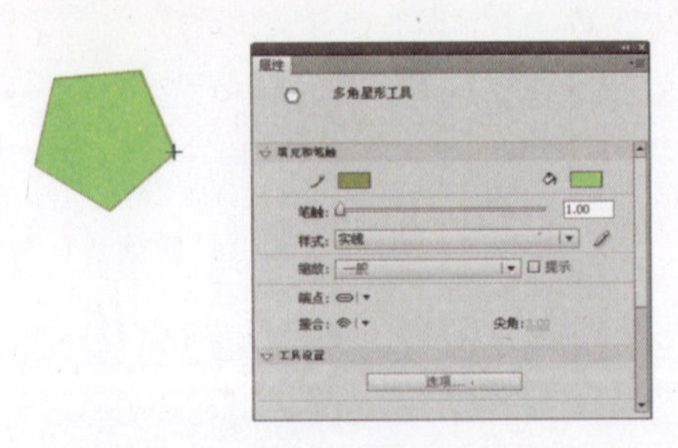

图 1–5–10　多角星形属性面板

在属性面板中的工具设置栏中单击选项按钮将打开工具设置对话框，使用该对话框可以对多角星形工具进行设置，如图 1–5–11 所示。

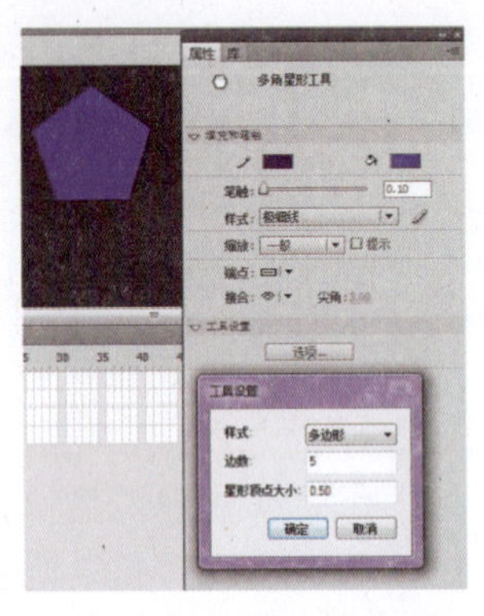

图 1–5–11　多角星形设置

本节练习案例——田园农舍

本范例介绍绘制一幅炊烟升起的田园农舍剪影画的过程。在范例的制作过程中，使用椭圆工具、矩形工具和多角星形工具等工具来绘制图形，通过属性面板对图形的大小和位置等属性进行设置。通过案例的制作能够掌握图形的移动和复制的操作方法，如图 1–5–12 所示。

图 1–5–12　练习效果图

本章小结

图形绘制是 Flash CS5 动画制作的基础，本章介绍了在 Flash CS5 中绘制规则图形和不规则图形的方法、在舞台上喷涂各种特殊图形的技巧以及 Flash 提供的辅助绘图工具的使用方法。通过本章的学习，掌握铅笔工具、钢笔工具、刷子工具、喷涂刷工具、Deco 工具和绘制规则图形工具的使用方法，能够灵活应用这些工具绘制各种图形。

第 2 章 Flash 工具的基本操作

2.1 对象的基本操作

※ 学习目标

利用 Flash CS5 中基本操作命令对对象进行简单的基本操作。

※ 课程重点

对象的移动、复制以及选取命令的操作。

对象的选取：使用部分选取工具选取对象时，单击对象、双击对象或拖曳出矩形框选取对象。使用套索工具选取对象时，使用套索工具及其附属的多边形模式，通过绘制任意形状的选取区域来选取对象。一次选取较多的对象时，在按住 Shift 键的同时单击鼠标左键进行新的选取。快速选取场景中的所有对象时，通过选择“编辑”→“全选”命令，或按 Ctrl+A 组合键来进行选择，注意全选并不选取锁定层或者隐藏层中的对象。取消对所有对象的选取时，通过选择“编辑”→“取消全选”命令，或者按 Ctrl+Shift+A 组合键来取消全选。防止组或实例被选中并被意外修改，不想选取该组或实例时，选择“修改”→“排列”→“锁定”命令即可。要想解除所有组或实例的锁定，选择“修改”→“排列”→“解除全部锁定”命令即可。

对象的移动：通过拖曳来移动对象；使用键盘上的方向键来移动对象；使用信息面板移动对象；使用属性面板移动对象。

对象的复制：通过粘贴移动或复制对象，创建对象的变形副本。

2.2 变形对象

本节介绍如何使用 Flash CS5 中工具进行缩放、旋转、倾斜，还介绍了变形对象的复原、移动中心点等功能。用油漆桶工具的转换填充选项来修改时，选中油漆桶工具，选中渐变色，给对象填色，然后单击转换填充按钮，再在对象的渐变色上单击一下，按照控制手柄的方向拖动即可。

学习目标

利用 Flash CS5 软件对对象进行变形操作，达到预期效果。

课程重点

工具缩放、旋转、倾斜、缩放对象、旋转及倾斜对象、翻转对象、自由变形对象等。

变形对象包含四种模式：缩放对象、旋转及倾斜对象、翻转对象、自由变形对象。

如何使用 Flash 工具缩放、旋转和倾斜对象。在编辑图形时，经常会使用缩放工具调整图形的大小，方法是先用箭头工具选中对象，然后单击箭头工具的缩放选项，在工具箱的右下角，此时选中的对象周围会出现八个控制点小白方块，沿着控制点的方向拖动小白块，即可缩放对象。旋转操作和缩放对象基本上差不多，选取箭头工具的旋转选项在缩放选项旁边，对象的周围会出现八个圆形控制点，表示旋转。

注意：顺着箭头的方向拖动或旋转，旋转时要绕着圆心拖动。

实例——flash 制作可爱吹泡泡动画效果

本案例使用 Flash 制作一个有趣的小丑吹泡泡动画，主要运用了椭圆、直线工具，以及任意变形和渐变填充等方法，操作简洁易懂。

制作步骤：

（1）新建一个 Flash 文档，Ctrl+F8 新建一个元件，命名为 boy。选择椭圆工具，设笔触为黑色，按住 Shift 键画出一个正圆作为小丑的脸，如图 2–2–1、图 2–2–2 所示。

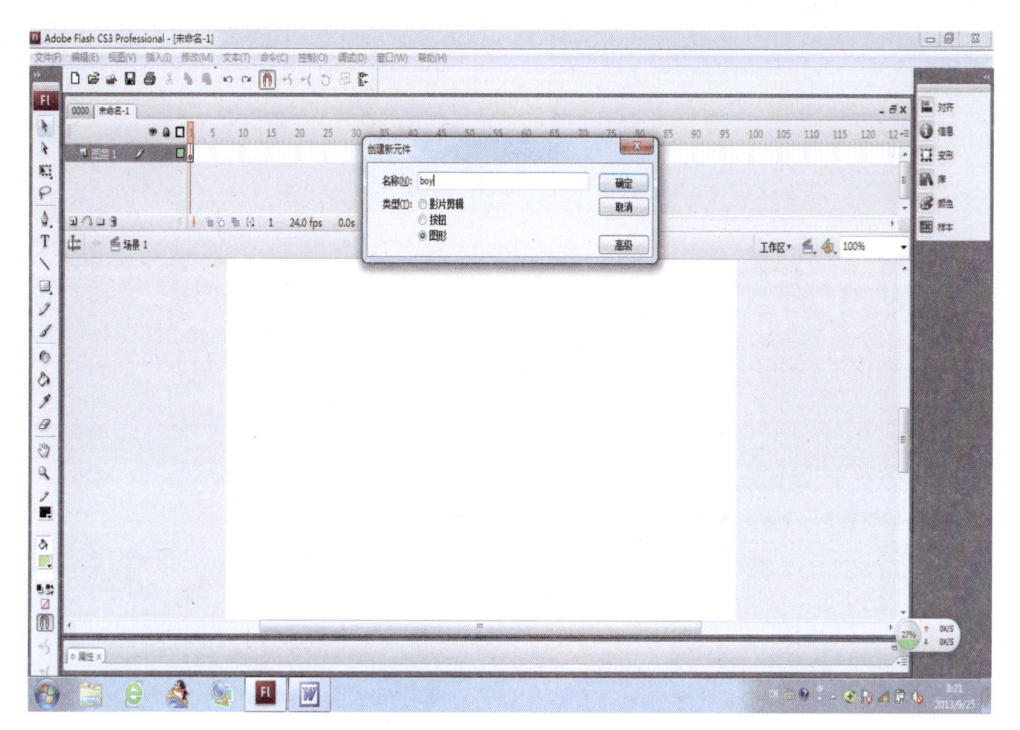

图 2–2–1 新建文件 boy

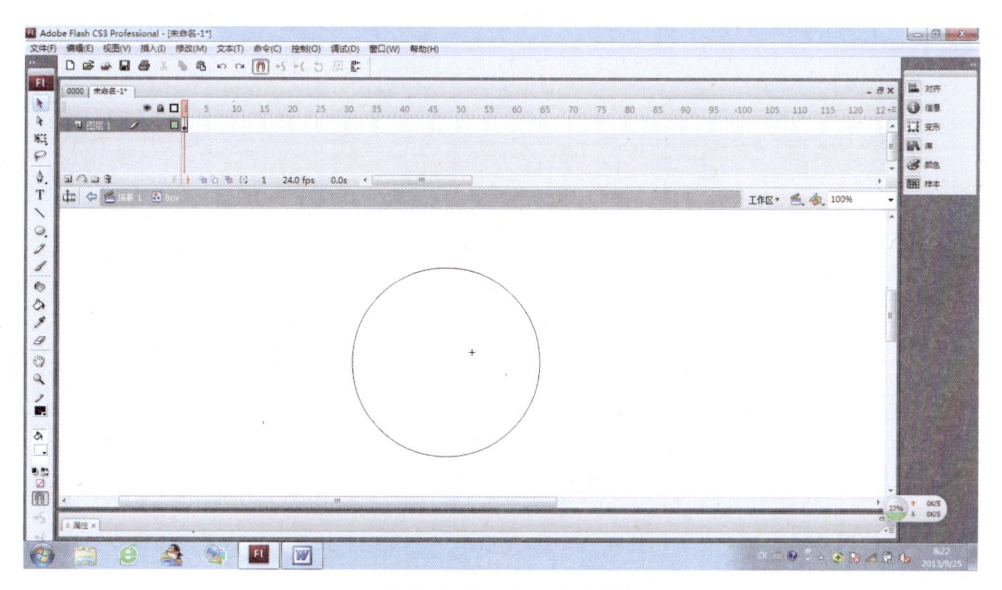

图 2–2–2 画一个正圆

（2）新建一个图层，命名为 nose，再画一个小椭圆作为鼻子，如图 2–2–3 所示。

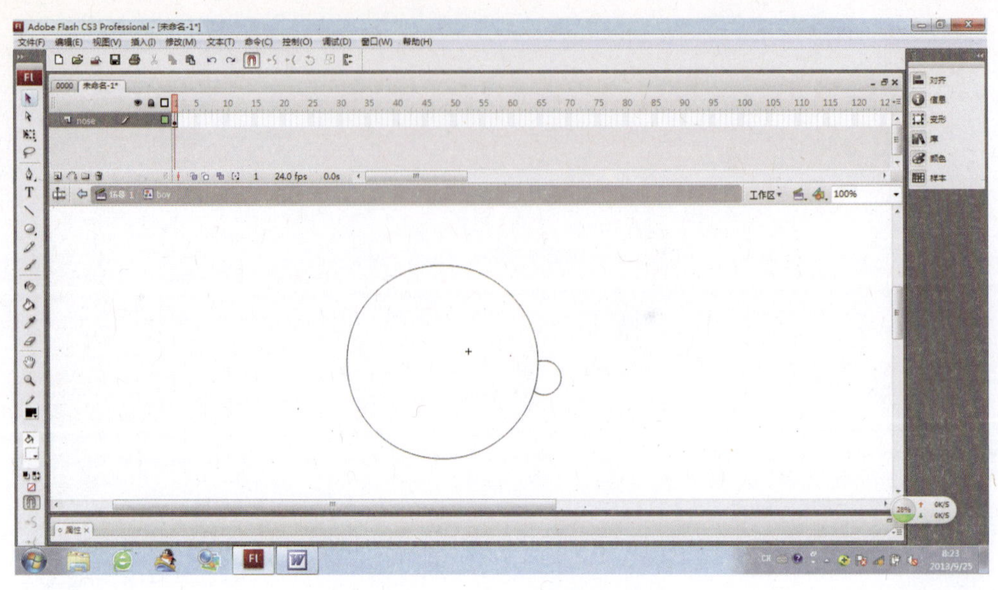

图 2–2–3　画一个小椭圆作为鼻子

（3）嘴巴和耳朵都可以都画在鼻子图层上。先用直线工具画出如下两条直线作为嘴和脸颊，如图 2–2–4 所示。

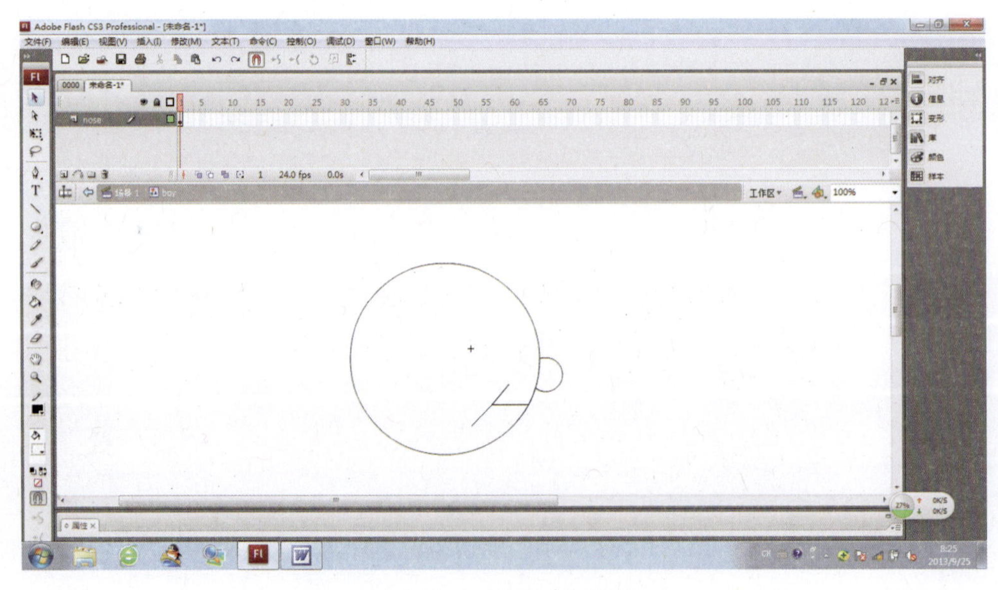

图 2–2–4　画出嘴和脸颊

（4）用选取工具将直线调节成如下弧形以形成微笑的嘴巴和鼓起的脸颊，如图 2–2–5 所示。

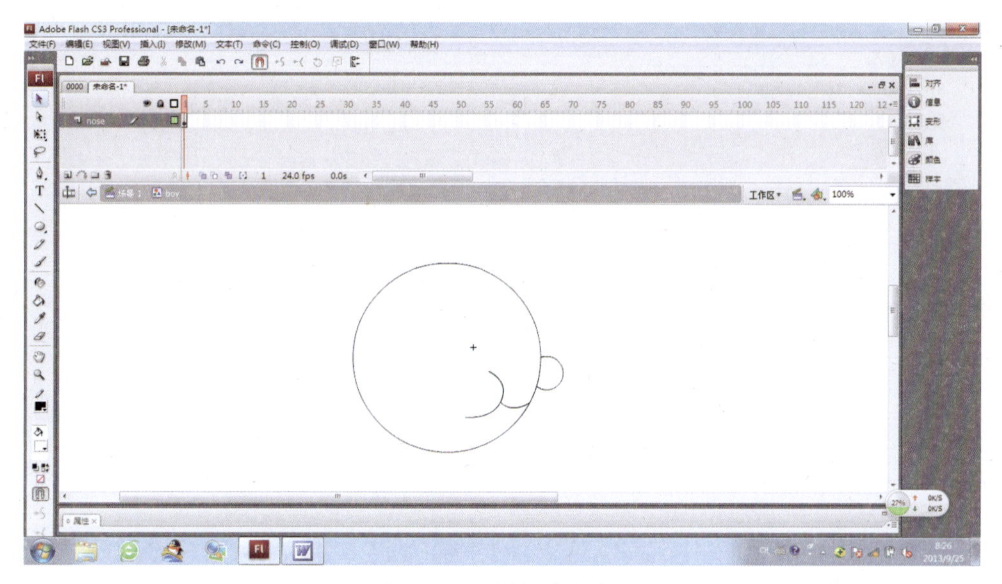

图 2–2–5 调整嘴和脸颊

（5）画一个小椭圆作为耳朵的轮廓，两条小直线作为耳朵内部的线条，如图 2–2–6 所示。

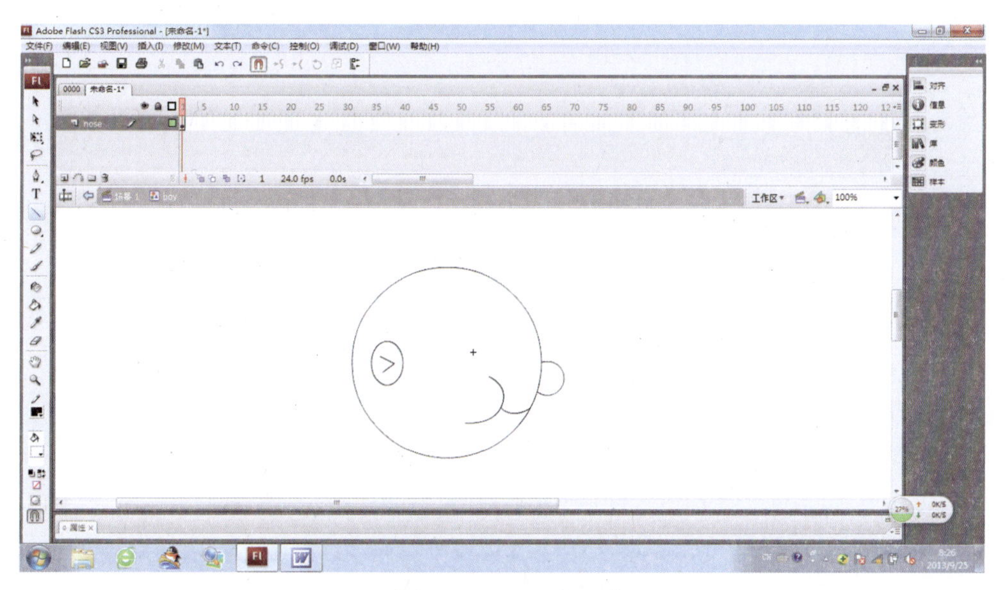

图 2–2–6 画一个耳朵

（6）用选取工具选取一部分耳朵的外轮廓并按 Delete 键删掉，再把两条小直线调节成如下弧形，完成耳朵，如图 2–2–7 所示。

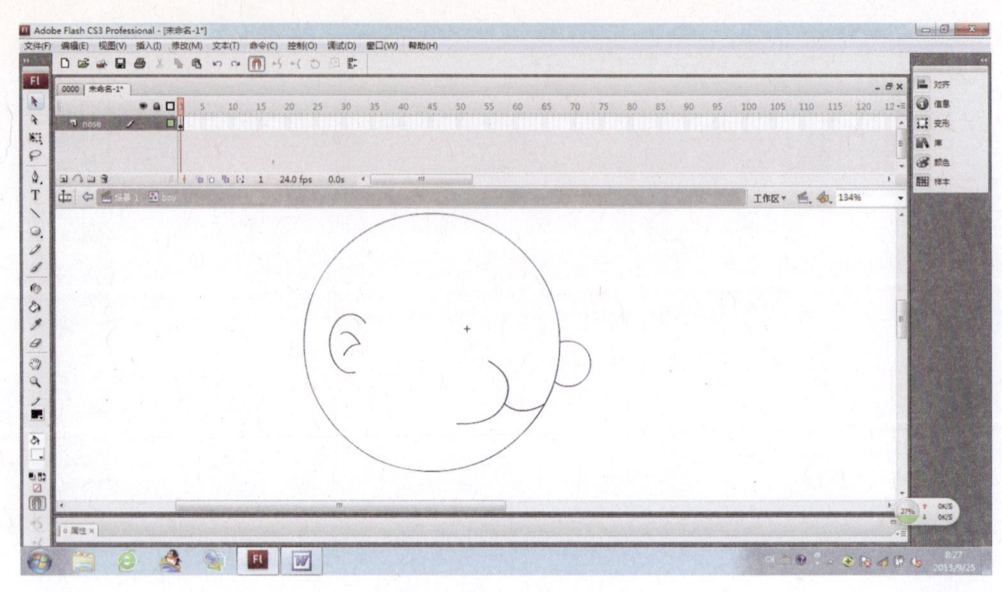

图 2-2-7　调整耳朵

（7）眼睛是由三个小椭圆组成的，中间的椭圆填充黑色，另外两个填充白色叠加起来就行了。可以在新图层上画，如图 2-2-8 所示。

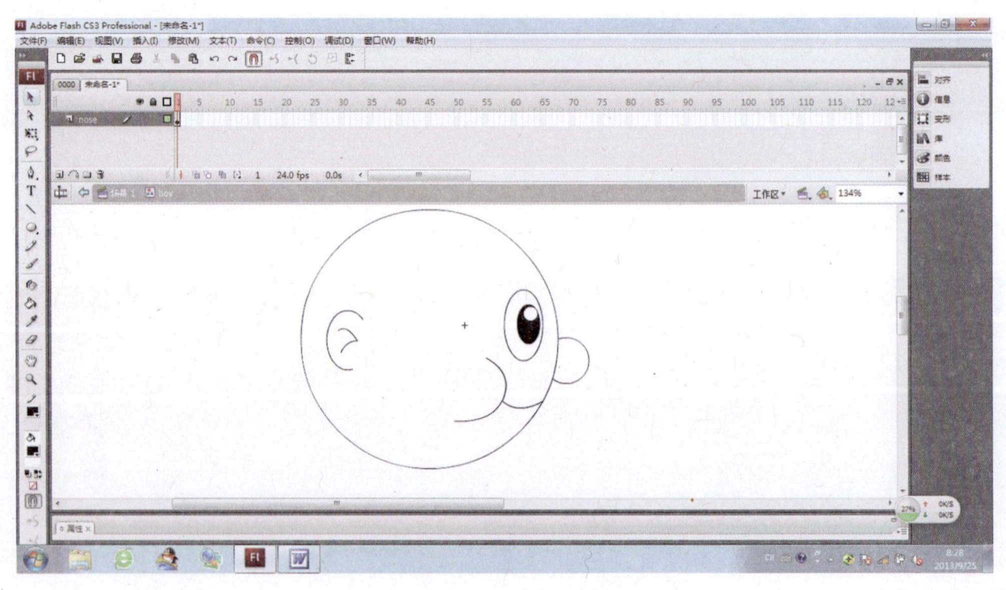

图 2-2-8　添加眼睛

（8）调整好五官的位置之后给脸和鼻子上色。选中脸部，在混色器中设置从 #FEE4CD 到 #FEC19A 的渐变，类型为放射状，如图 2-2-9 所示。

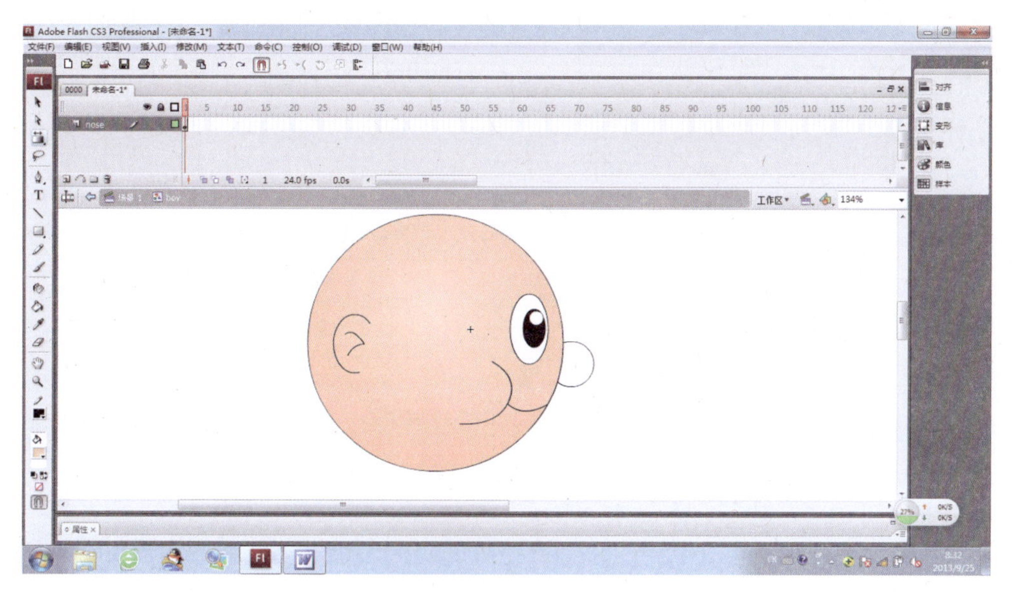

图 2-2-9 脸部上色

（9）鼻子也是同样的渐变，用填充变形工具把渐变范围缩小一点就可以了，如图 2-2-10 所示。

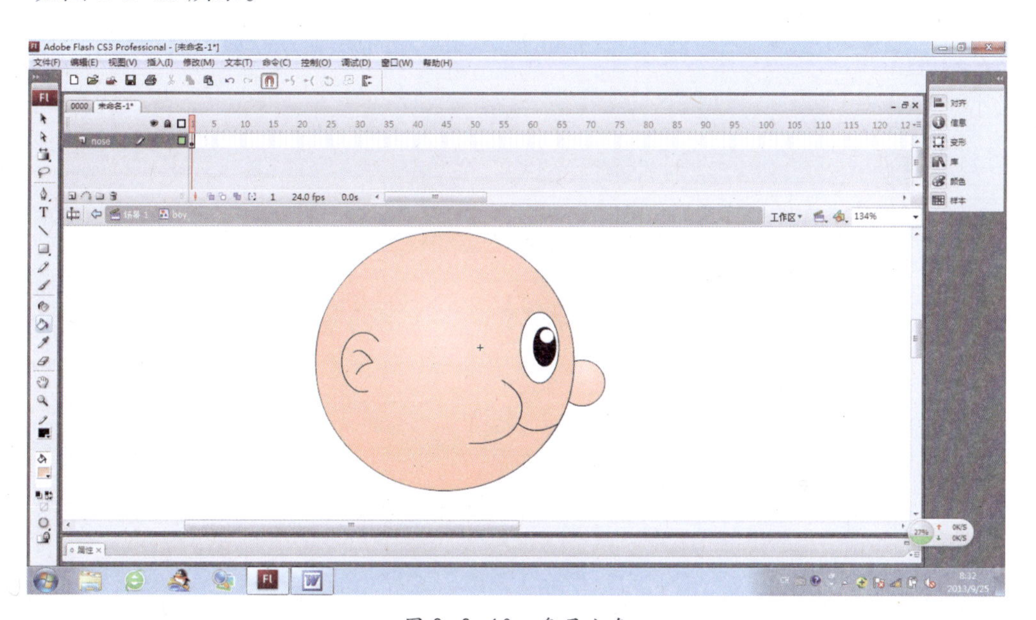

图 2-2-10 鼻子上色

（10）画帽子。Ctrl+F8 新建一个元件，命名为 cap。先用钢笔工具或者直线工具画一个三角形，如图 2-2-11 所示。

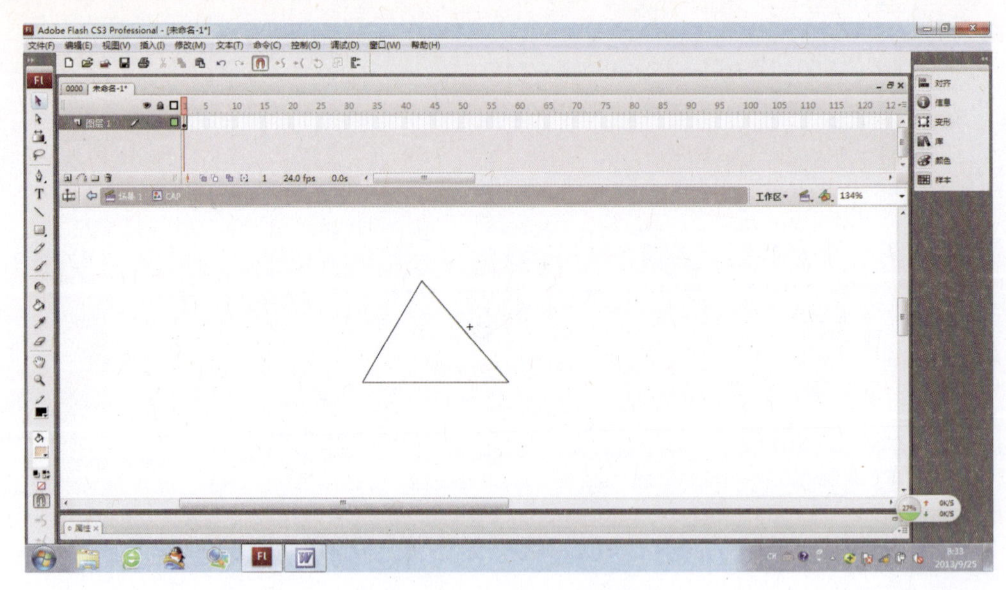

图 2-2-11　画一个三角形

（11）用选取工具将三角形的各个边调节成如下曲线，如图 2-2-12 所示。

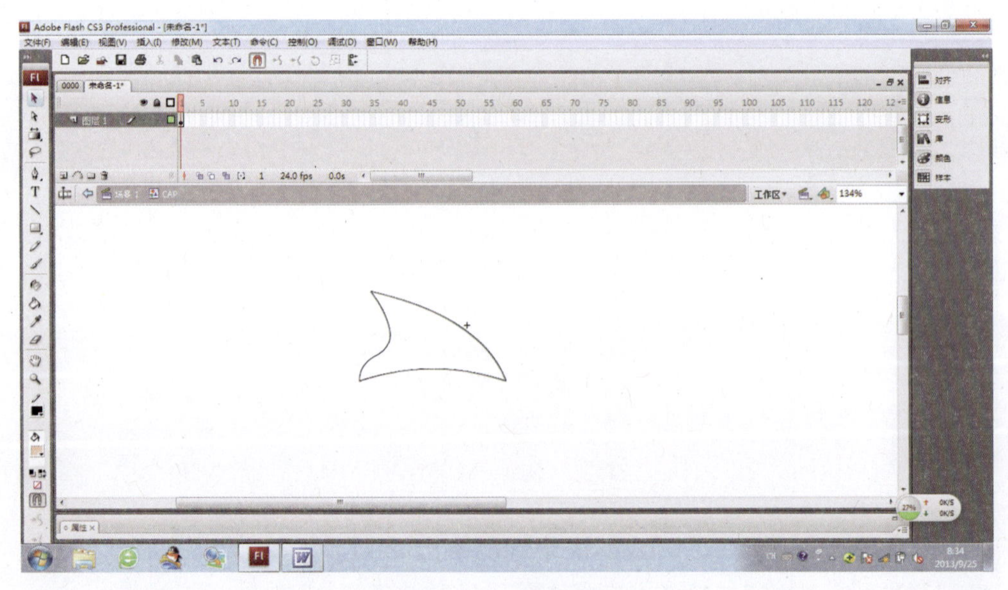

图 2-2-12　调整三角形

（12）画一个小椭圆作为帽子上的装饰球，如图 2-2-13 所示。

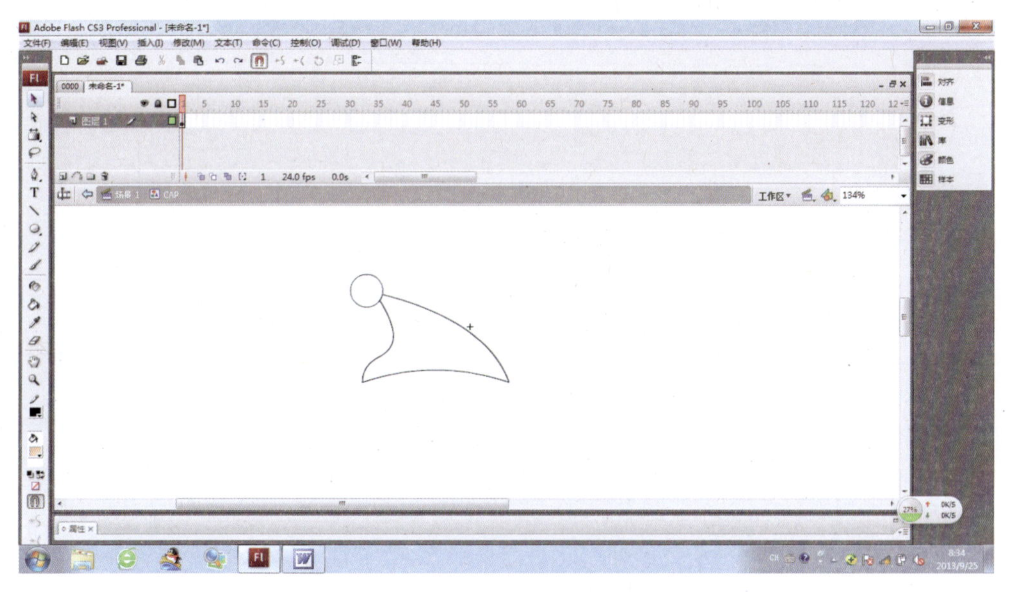

图 2-2-13　画一个装饰球

（13）选中帽子，在混色器中设置从 #FDB5B5 到 #FB1E1E 的渐变，类型为放射状，如图 2-2-14 所示。

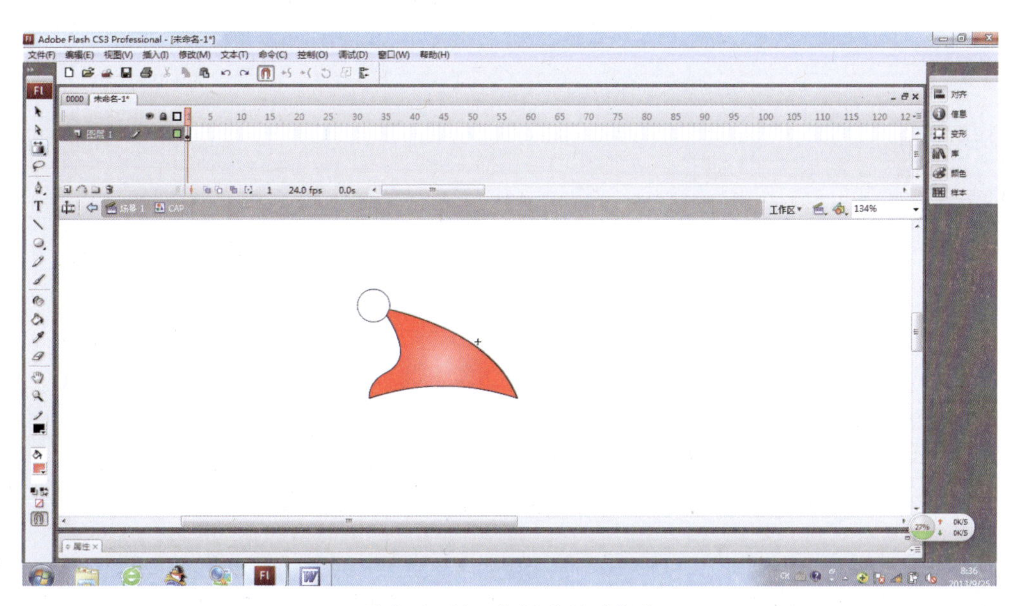

图 2-2-14　给帽子设置颜色

（14）帽子上的小球也是同样的渐变，用填充变形工具把渐变范围缩小一点就可以了，如图 2-2-15 所示。

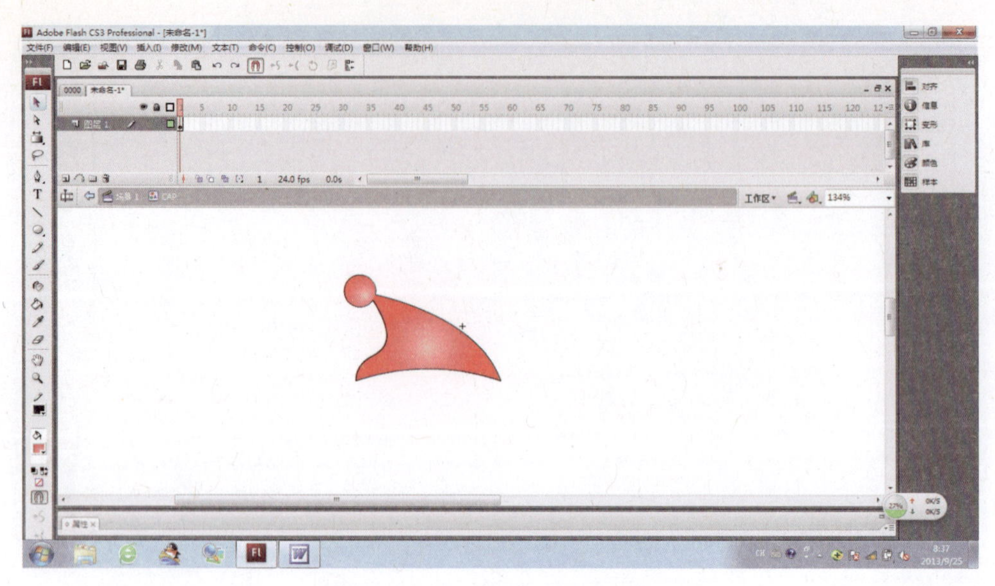

图 2-2-15 给装饰球设置颜色

（15）回到场景 1。新建 2 个图层，分别命名为 boy 和 cap，将画好的帽子和小丑拖到各自图层上并排好位置，如图 2-2-16 所示。

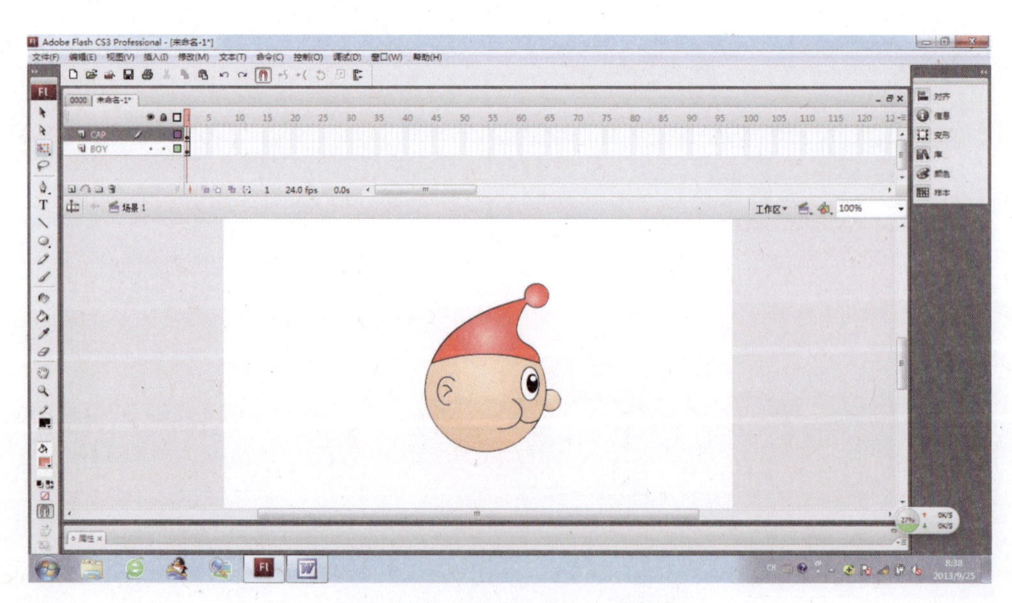

图 2-2-16 新建 2 个图层并调整

（16）下面开始画泡泡，先画出泡泡的根部。新建一个 bar 图层，用直线工具画一个三角形，填充天蓝色 #00CCFF，如图 2-2-17 所示。

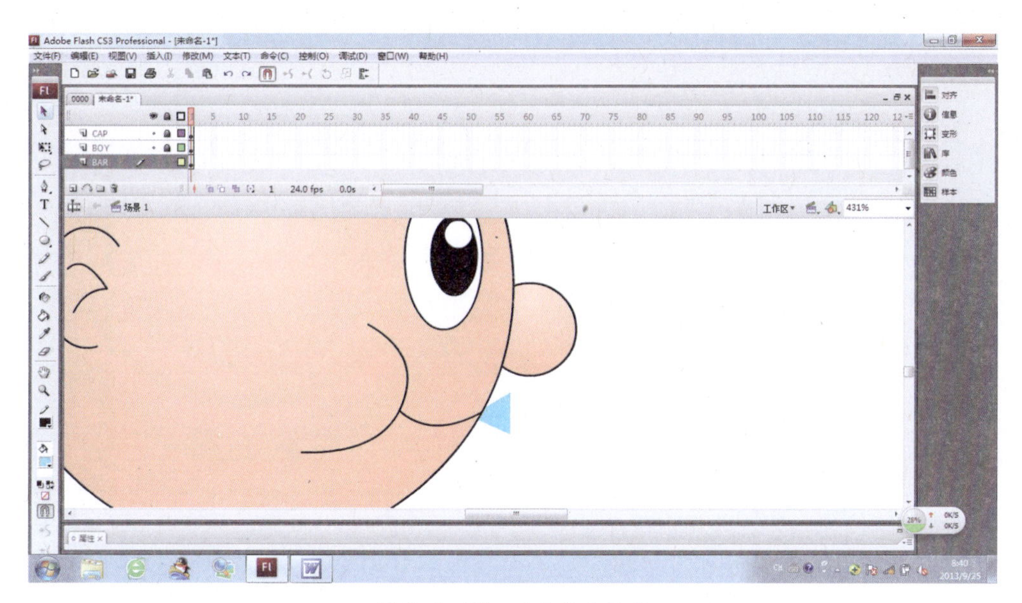

图 2–2–17　画出泡泡根部

（17）在第 23 帧处给三个图层都按插入帧（F5），也就是使画面一直延续到 23 帧处，如图 2-2-18 所示。

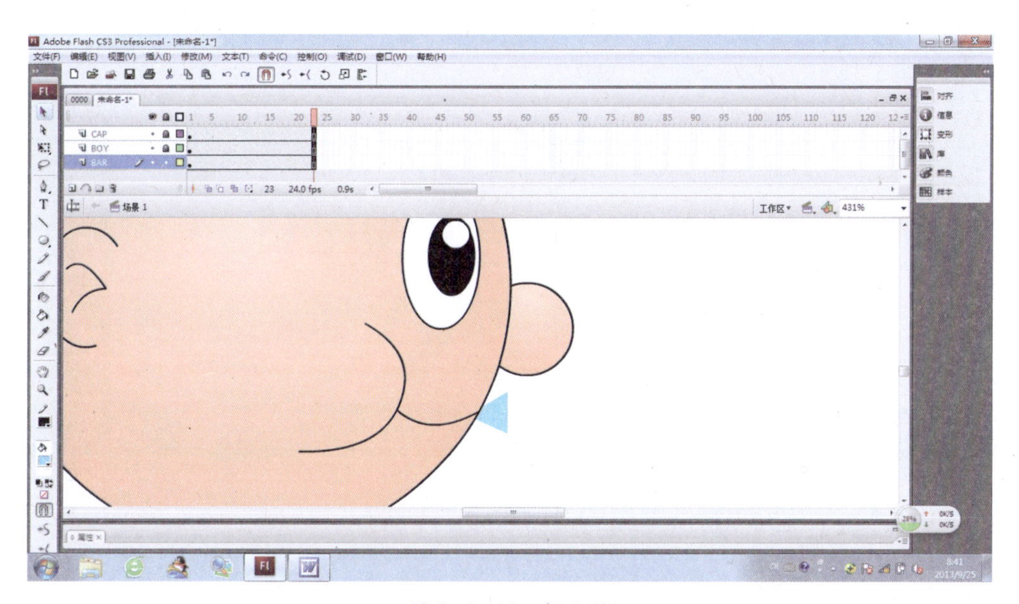

图 2–2–18　插入帧

（18）选择帽子所在的 cap 图层的第 16 帧，单击右键选转换为关键帧，如图 2-2-19、图 2-2-20 所示。

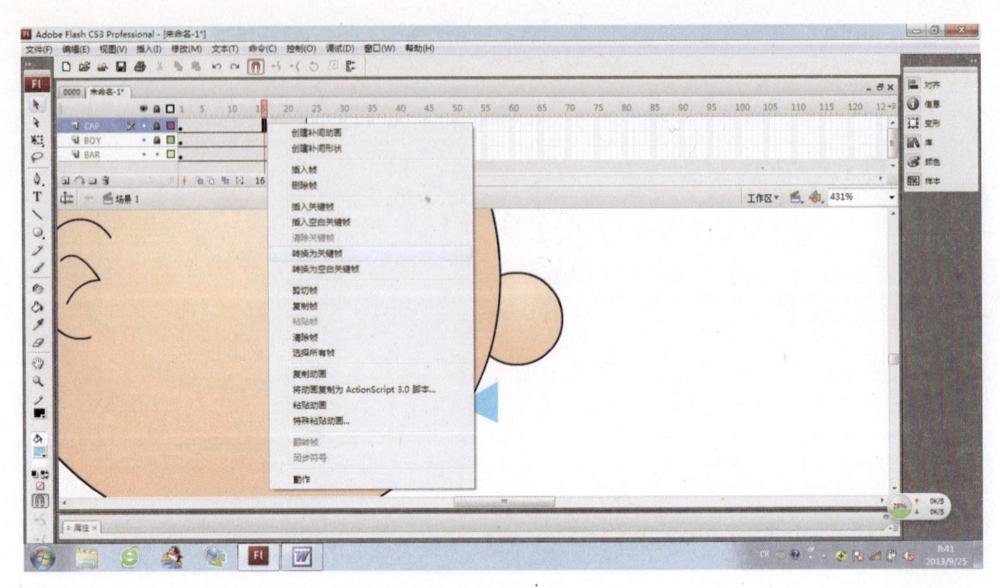

图 2-2-19　选择第 16 帧

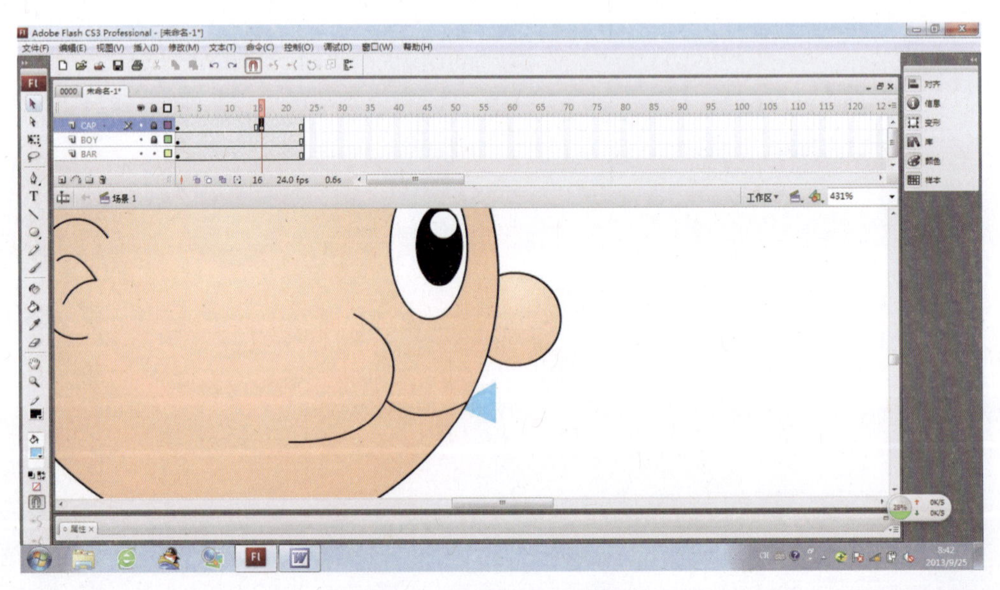

图 2-2-20　设置为关键帧

（19）再选中 cap 图层的第 1 帧，执行“菜单”→“修改”→“变形”→“水平翻转”，改变帽子的方向，如图 2-2-21、图 2-2-22 所示。

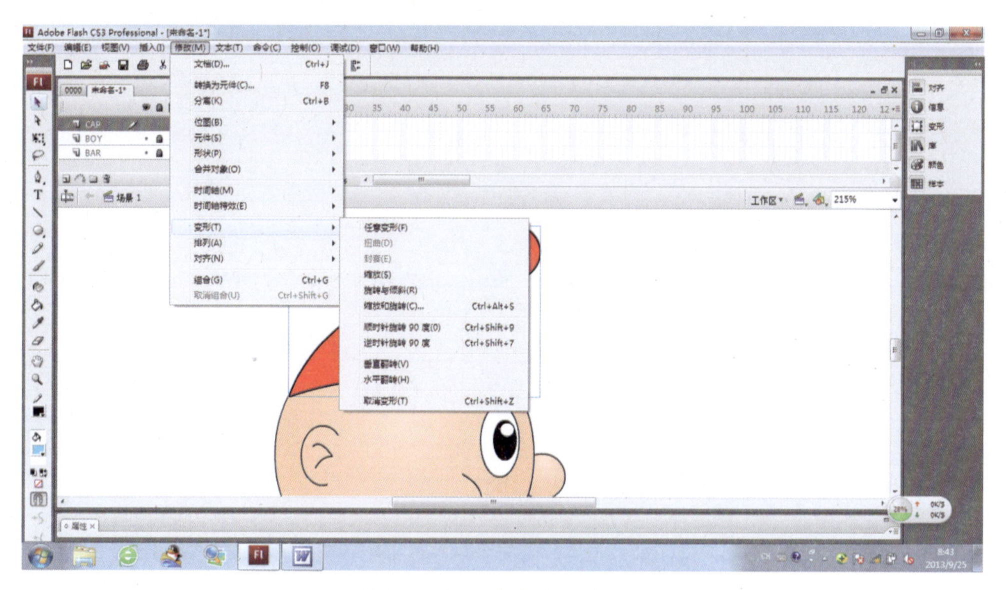

图 2-2-21　选中第 1 帧设置

图 2-2-22　改变帽子方向

（20）新建一个 bubble 层用来画泡泡。在第 5 帧上按 F6 插入关键帧，用椭圆工具画一个小椭圆，填充从白色到 #70E2FE 的放射状渐变，如图 2-2-23 所示。

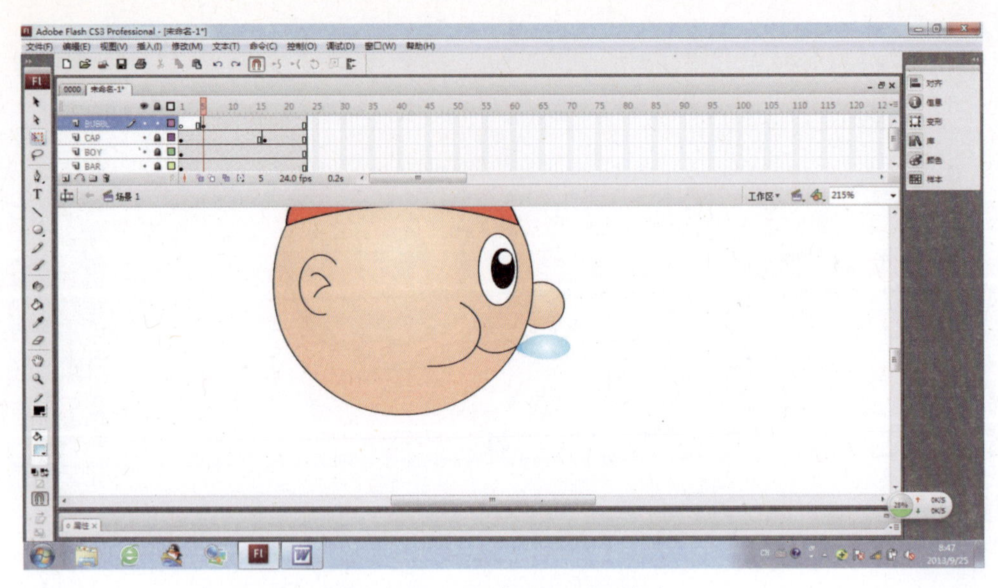

图 2–2–23　新建 bubble 层画泡泡

（21）在第 15 帧上按 F6 插入关键帧，用自由变形工具将泡泡拉大，并添加形状补间，如图 2–2–24 所示。

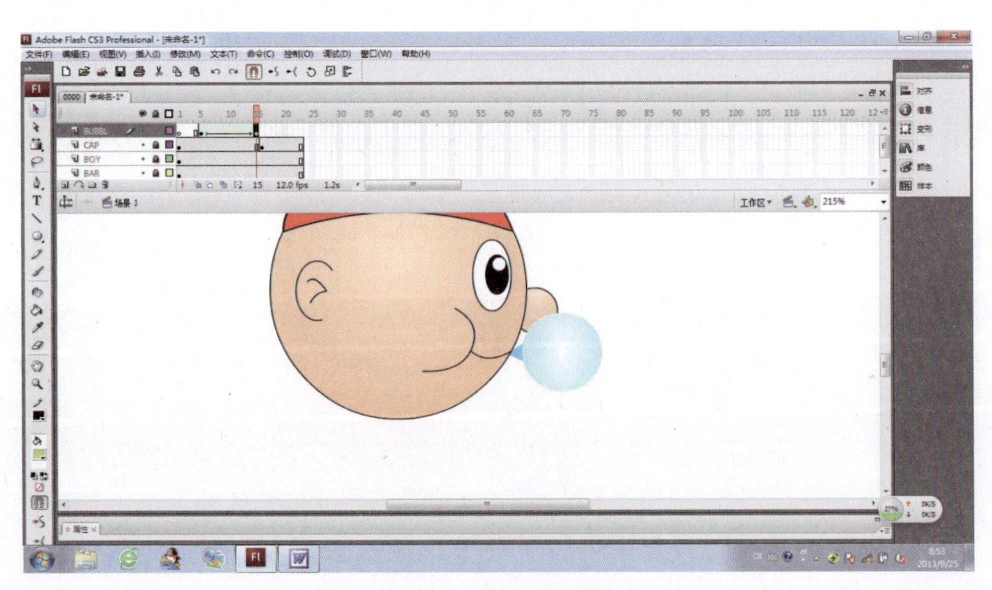

图 2–2–24　调整泡泡

（22）同时用填充变形工具拉大渐变填充的范围，如图 2–2–25 所示。

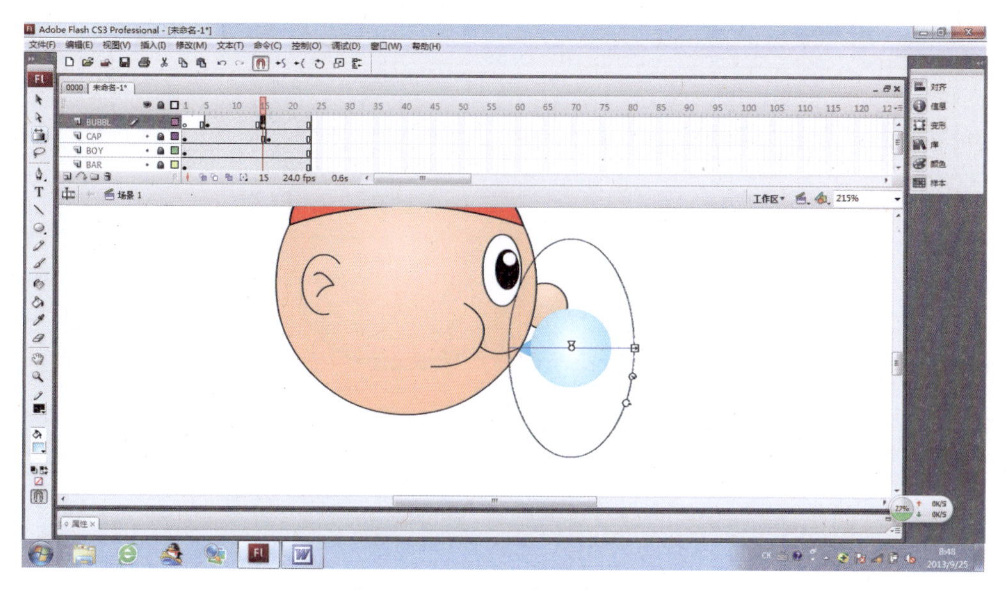

图 2–2–25　拉大渐变填充范围

（23）画泡泡爆炸效果。在第 16 帧上按 F7 插入空白关键帧，用钢笔或直线工具画一个不规则的六边形，如图 2–2–26 所示。

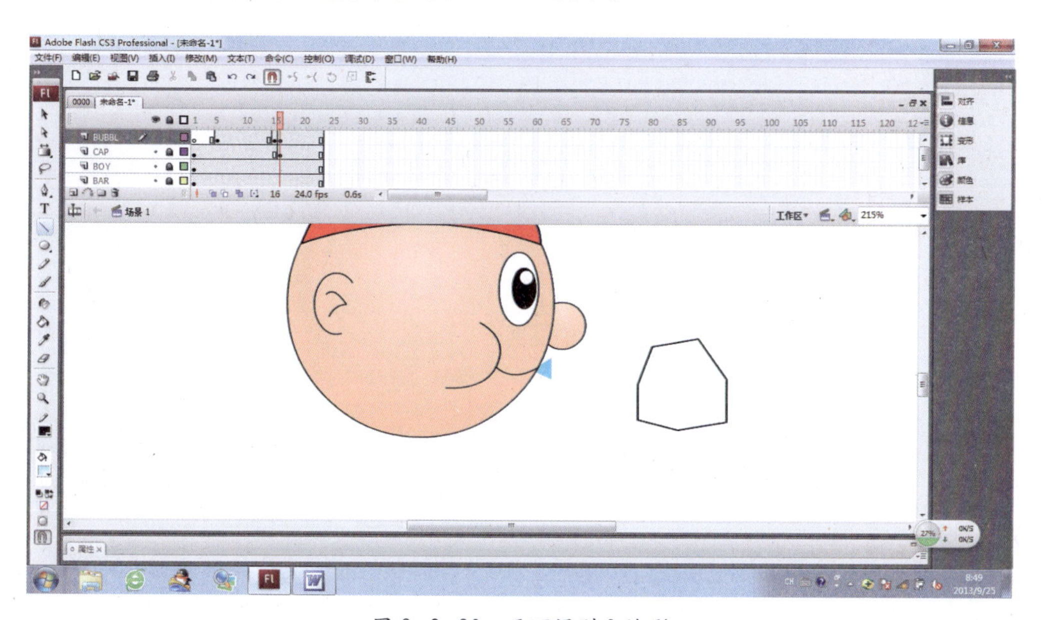

图 2–2–26　画不规则六边形

（24）用选取工具将六条直线边调节成如下曲线形状，就有了爆炸的感觉，如图 2–2–27 所示。

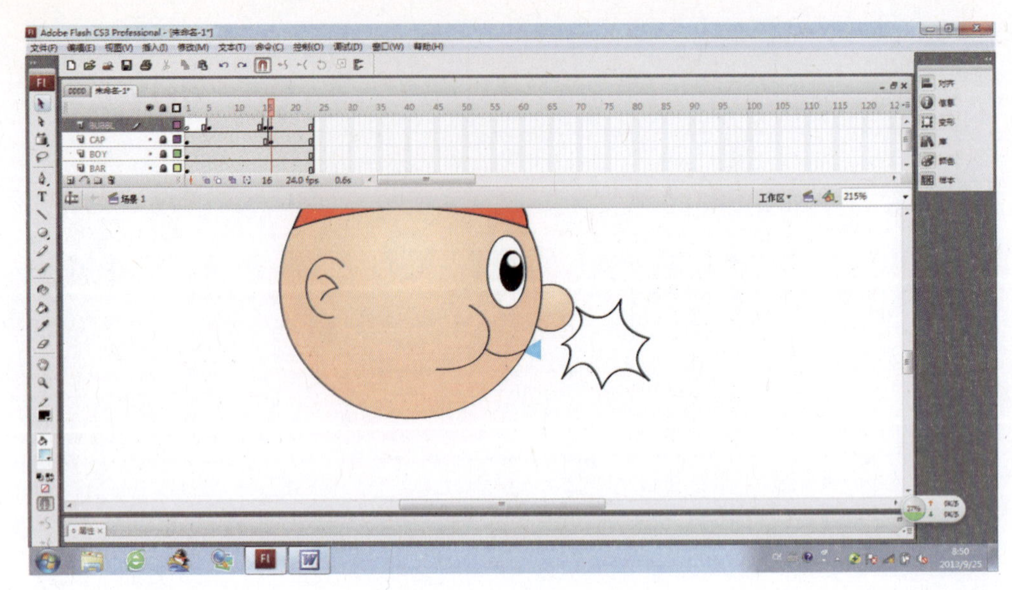

图 2-2-27　调整六边形

（25）给六边形填充黄色就 OK 了。Ctrl+Enter 可测试效果，泡泡爆炸的同时，帽子也被吹到另一边，如图 2-2-28 所示。

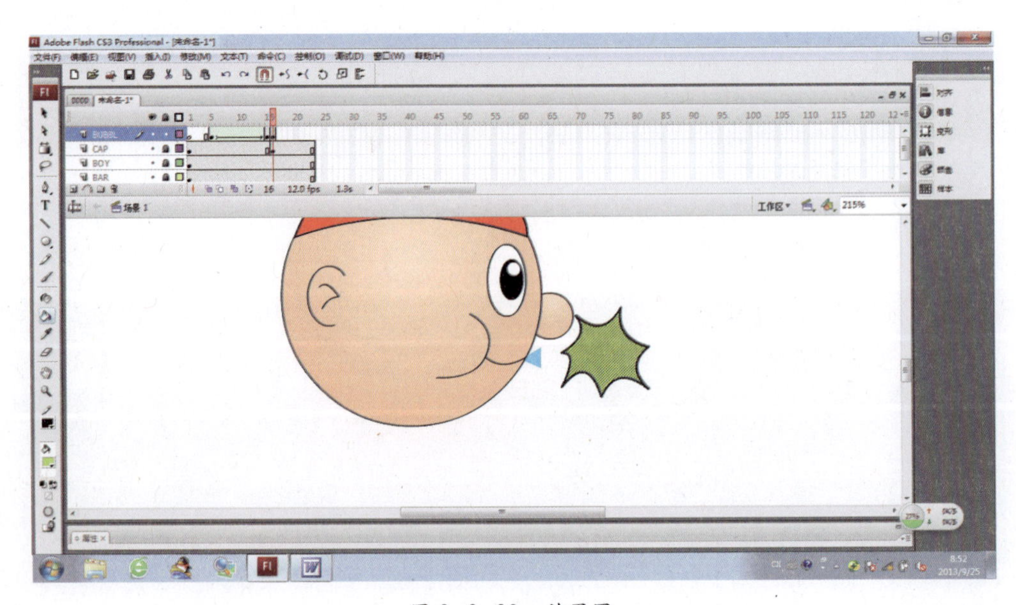

图 2-2-28　效果图

第 3 章　输入、修改与编辑文字

在本章中将介绍一下有关文字处理方面的知识，要在工作区上输入文字就要使用文字工具，首先选取文本工具，然后移动鼠标到工作区上，按一下鼠标左键，工作区上就出现一个文字框。

※ 学习目标

利用 Flash 中基本文本工具命令对静态文本、动态文本、输入文本进行熟练操作。

※ 课程重点

掌握文本工具的使用技巧以及文本字段的编辑等。

注意：在工作区中拖动鼠标将会产生一个固定大小的文字框。当文字框内出现插入点光标符号时就可以用键盘输入文字，按回车键可以换行到下一行。也可以用复制粘贴的方法，把文字拷贝到文本框里。编辑文字的方法，和我们一般的字处理软件相同，可以插入或删除一个文字。删除的方法是使用退格键或者 Delete 键，它们的区别是退格键删除光标左边的字符，Delete 键删除光标右边的字符。

3.1　文本工具概述

学习目标

文本字段的类型以及使用技巧。

课程重点

传统文本字符属性、设置传统文本的段落属性、传统文本类型的不同、文字输入状态等。

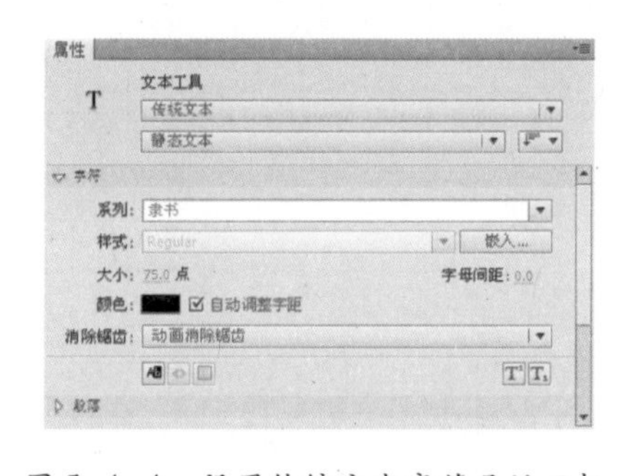

图 3—1—1　设置传统文本字符属性面板

3.1.1　文本字段的类型

Flash 传统文本工具可以创建 3 种类型的文本字段，分别为静态文本、动态文本和输入文本。

Flash TLF 文本工具可以创建 3 种类型的文本字段，分别为只读、可选和可编辑。

设置传统文本字符属性：当选取了舞台上的文字对象后，在属性面板中设置文本引擎为传统文本，将反映出文字对象的属性，如图 3–1–1 所示。

设置传统文本的段落属性：在属性面板中有一组与段落设置相关的按钮，用于设置段落的格式、对齐方式、边距、缩进和间距等效果，如图 3–1–2 所示。

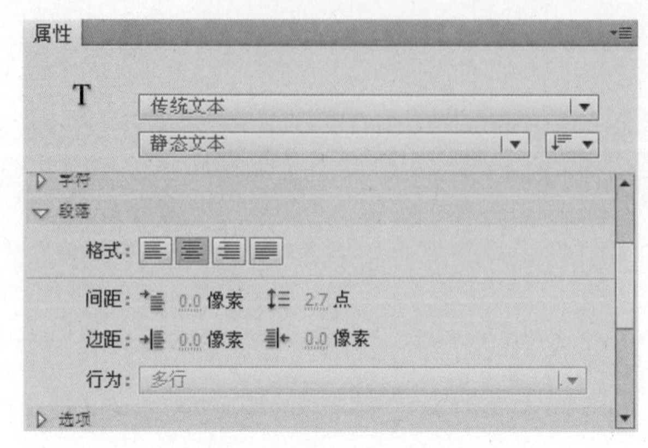

图 3–1–2 传统段落文字属性面板

传统文本类型的不同：当选择传统文本时，在文本类型下拉列表中可以设置 3 种文本类型：静态文本、动态文本和输入文本。

文字输入状态：输入状态是指输入文字时文本输入框的状态。设置文本引擎为 TLF 文本，在舞台上单击输入文字，和传统文本一样，文本输入框会随着文字的增加而延长，如果需要换行可以按 Enter 键。

设置 TLF 文本字符属性：选中舞台上的 TLF 文本，它的字符属性将反映在属性面板中。

设置 TLF 文本的段落属性：在 TLF 文本的属性面板中对段落属性进行设置。

TLF 文本类型的不同：选中工具面板中的 TLF 文本工具，在舞台上输入文本，可以将文本类型设定为只读、可选和可编辑来区别 3 种文本类型。

相关知识：可以分离文本，将每个字符放在一个单独的文本块中。分离文本之后，就可以迅速地将文本块分散到各个图层，然后分别制作每个文本块的动画。还可以将文本转换为组成它的线条和填充，以便对它进行改变形状、擦除和其他的操作。如同任何其他的形状一样，可以单独地将这些转换后的字符分组，或者将它们更改为元件并制作为动画。将文本转换为线条和填充之后，就不能再编辑文本了。

实例——立体字效果制作

操作步骤：

（1）首先输入文字，调整好字体大小、样式等字间距最好设置大一点，如图

3-1-3 所示。

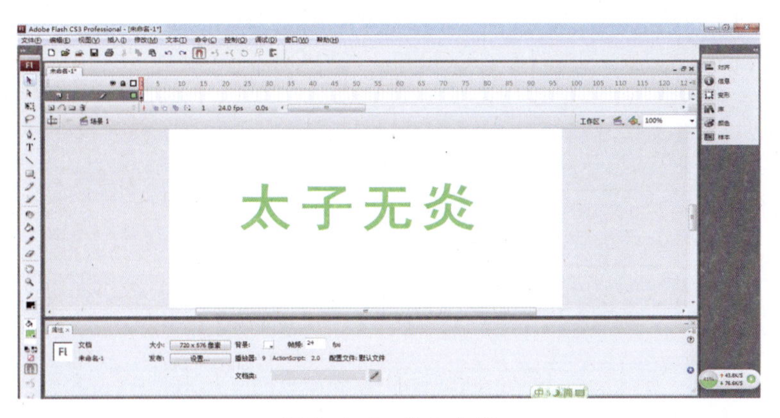

图 3-1-3　输入文字

（2）选中文字，按两次 Ctrl+B 将文字分离成散件，如图 3-1-4 所示。

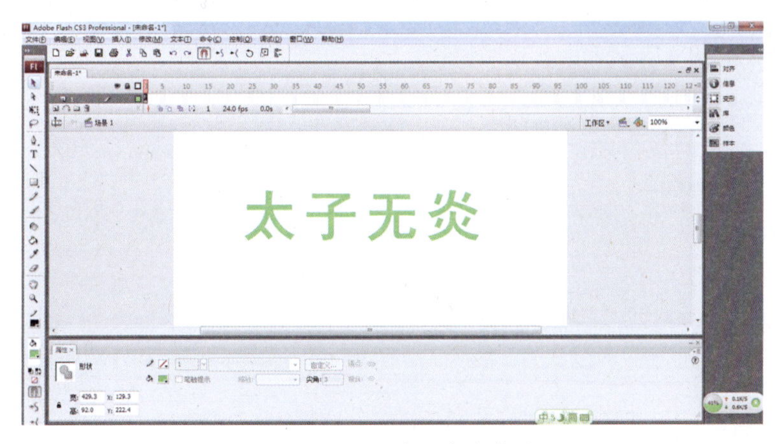

图 3-1-4　分离文字为散件

（3）使用墨水瓶工具，选择一种与文字不一样的颜色，然后点击打散后的文字，为文字添加边框，如图 3-1-5 所示。

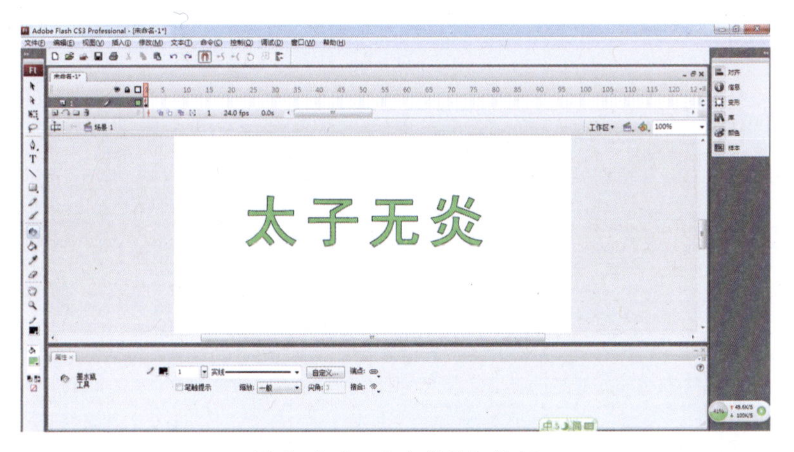

图 3-1-5　为文字添加边框

（4）切换为选择工具，点击文字按 Delete 键将文字填充色删除，只留下边框，记为 1，如图 3-1-6 所示。

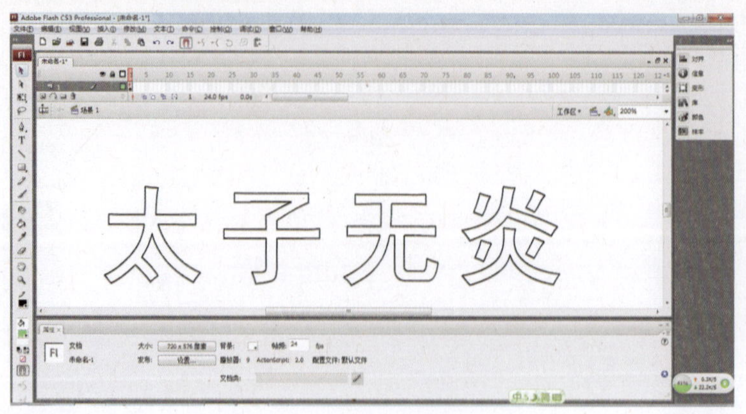

图 3-1-6　删除文字填充色

（5）Ctrl+A 全选，点击边框并按住 Alt 复制一个，记为 2，放在旁边，以后作倒影用，如图 3-1-7 所示。

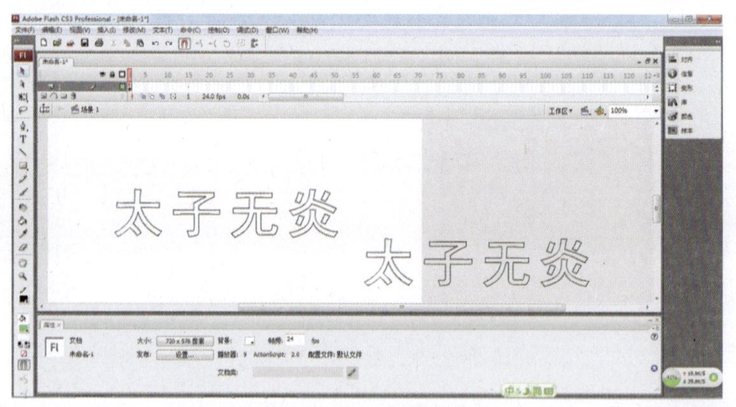

图 3-1-7　复制文字

（6）重新全选 1，再复制一个，记为 3。然后拖住 3 往 1 的右下角、左下角拖动一小段距离，使 1 和 3 错位一点，如图 3-1-8 所示。

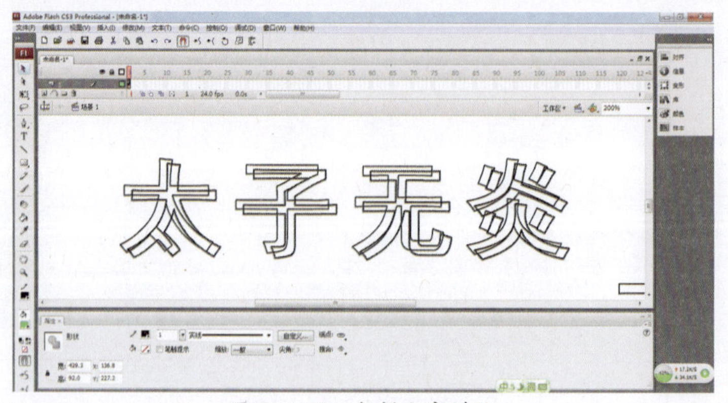

图 3-1-8　复制文字错位

（7）使用放大工具，将 1、3 放大，然后选择线条工具，将 1、3 中同一字的相同节点连接起来，如图 3–1–9 所示。

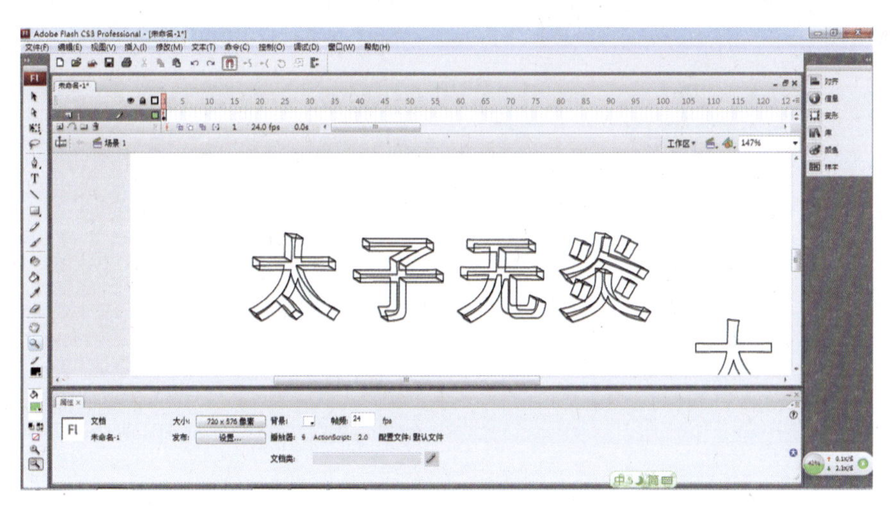

图 3–1–9　连接两段文字节点

（8）切换为选择工具，将凡是遮挡住 3 的正面的线条全部删除，意思就是 3 的正面不能有任何的东西遮挡，然后将遮挡住 3 侧面的线条也删除。

注：这一步比较难理解，同时也是最为关键的一步，仔细体会，其实操作不难，就是需要细心和耐心，如图 3–1–10 所示。

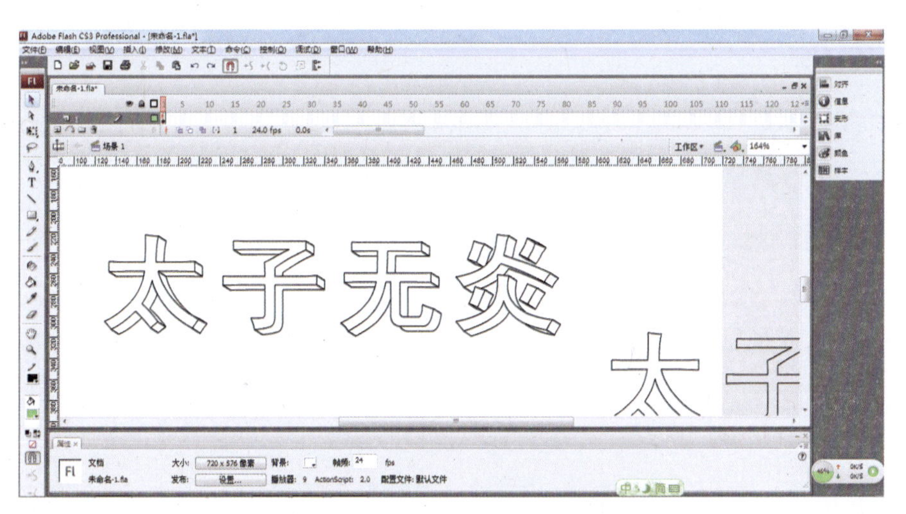

图 3–1–10　删除遮挡文字 3 的线条

（9）选择颜料桶工具，选择颜色为浅色，点击填充字体的正面；再选择一个颜色为深色，点击填充字体的侧面，如图 3–1–11 所示。

图 3–1–11　给文字填充颜色

（10）在边框上面双击，将所有的边框全部删除，如图 3–1–12 所示。

图 3–1–12　删除文字边框

（11）将倒影 2 垂直翻转，选中之后点击“修改”→“变形”→“垂直翻转”，如图 3–1–13 所示。

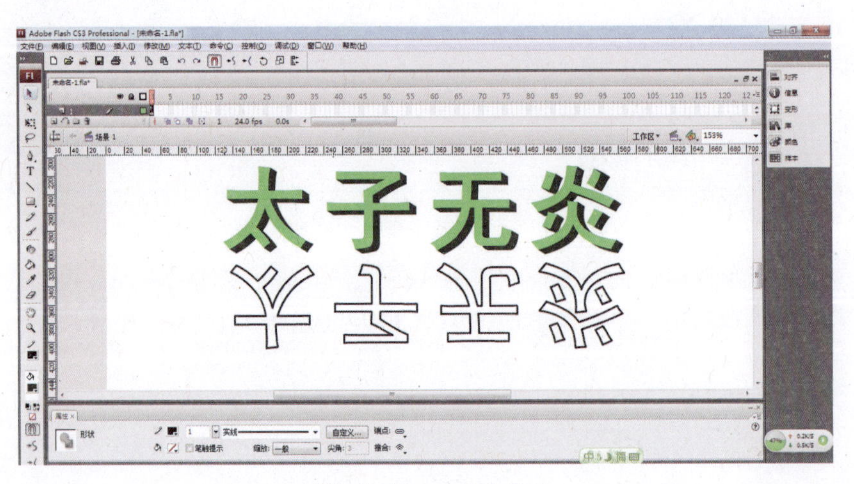

图 3–1–13　翻转文字 2

（12）拖动2,使2与3对齐；然后复制一个2，记为4，让4与1对齐，如图3-1-14所示。

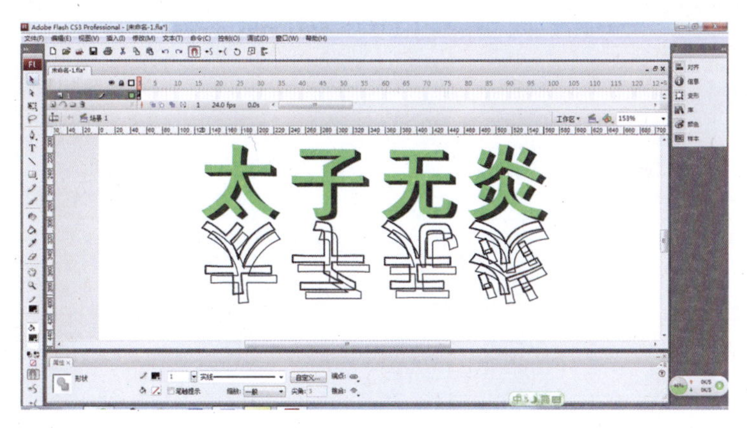

图 3—1—14　复制文字 4，对齐

（13）然后选中2、4，拖离出来，以免下面的操作影响到前面已经做好的1、3，然后进行第（7）、（8）、（9）、（10）步操作，如图3-1-15所示。

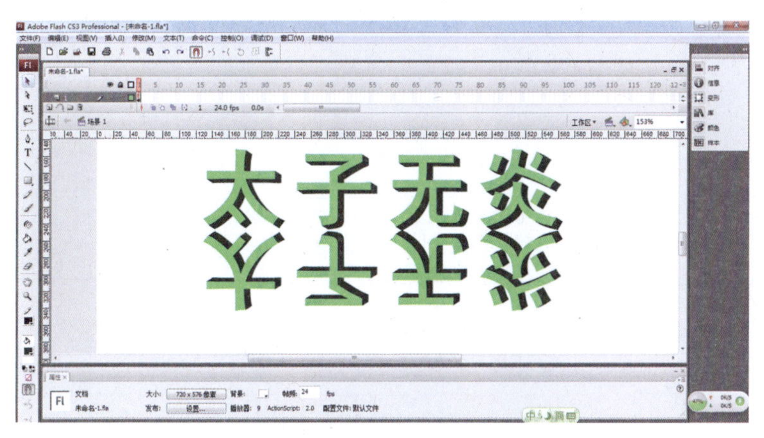

图 3—1—15　处理文字 2、4

（14）将2、4选中，按F8转换为元件，修改名字为倒影，如图3-1-16所示。

图 3—1—16　将文字 2、4 转换为元件

（15）将 1、3 选中，按 F8 转换为元件，修改名字为字体。注意字体应在倒影后面转换，这个涉及到元件的层次问题，如果是在之前转换的，不要紧，在后面可以选中“倒影”→“修改”→“排列”→“移至下一层”，如图 3-1-17 所示。

图 3–1–17　将文字 1、3 转换为元件

（16）用放大镜将结合点放大一些，然后拖动倒影对齐字体，如图 3-1-18 所示。

图 3–1–18　拖动倒影对齐文字

（17）选中倒影，点击属性，在样式里面选择 Alpha，调为 30，如图 3-1-19 所示。

图 3–1–19　设置倒影样式

（18）点击舞台将背景色设置为深一点的颜色，如图 3-1-20 所示。

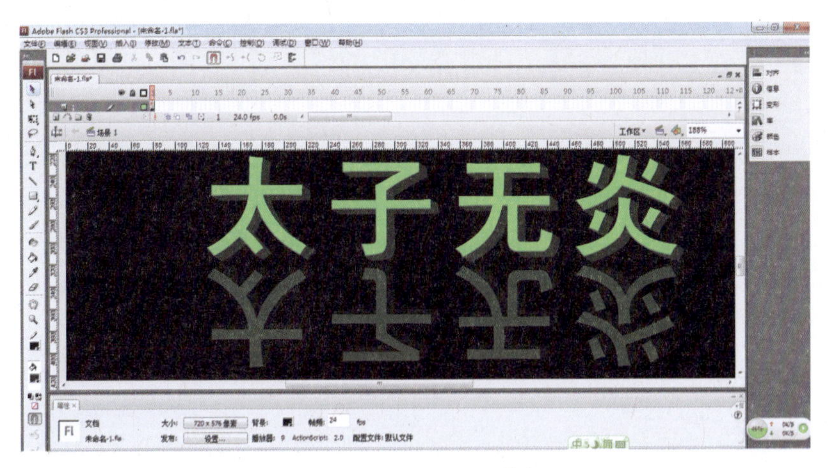

图 3-1-20　设置背景色

（19）保存。最终效果如图 3-1-21 所示。

图 3-1-21　最终效果

第4章　对象的编辑与修饰

使用工具栏中的工具创建的向量图形相对来说比较单调，如果能结合修改菜单命令修改图形，就可以改变原图形的形状、线条等，并且可以将多个图形组合起来达到所需要的图形效果。本章将详细介绍 Flash CS5 编辑、修饰对象的功能。通过对本章的学习，读者可以掌握编辑和修饰对象的各种方法和技巧，并能根据具体操作特点，灵活地应用编辑和修饰功能。

※ 学习目标

利用对象的变形与操作绘制完成案例效果，通过图形工具的使用为图形增添色彩。

※ 课程重点

对象的修饰，对齐面板与变形面板的使用；扭曲对象、封套对象、缩放对象、旋转与倾斜对象、翻转对象、组合对象、分离对象、叠放对象、对齐对象的应用。

4.1　对象的编辑

扭曲对象：选择“修改”→“变形”→“扭曲”命令，在当前选择的图形上出现控制点，向右上方拖曳控制点，拖动4角的控制点可以改变图形顶点的形状，如图4-1-1所示。

图4-1-1　对象扭曲前后效果对比

封套对象：选择“修改”—“变形”—“封套”命令，在当前选择的图形上出现控制点，用鼠标拖动控制点，使图形产生相应的弯曲变化，如图4-1-2所示。

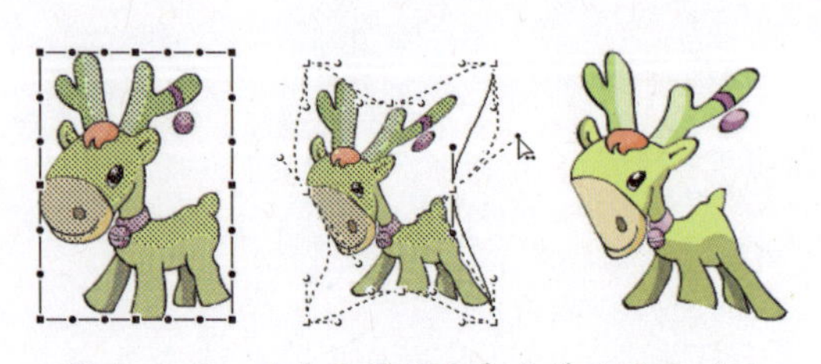

图4-1-2　对象应用封套命令前后效果对比

缩放对象：选择“修改”→“变形”→“缩放”命令，在当前选择的图形上出现控制点，按住鼠标不放，向右上方拖曳控制点，用鼠标拖动控制点可成比例地改变图形的大小，如图 4–1–3 所示。

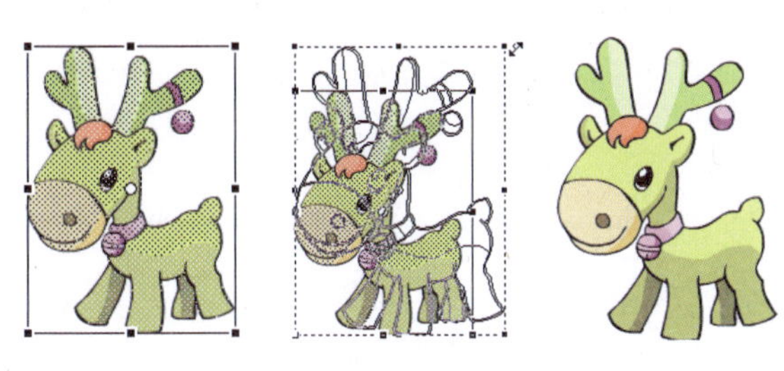

图 4—1—3 对象缩放前后效果对比

倾斜对象：选择“修改”→“变形”→“旋转与倾斜”命令，在当前选择的图形上出现控制点，用鼠标拖动中间的控制点倾斜图形，按住鼠标不放，向右水平拖曳控制点，松开鼠标，图形变为倾斜，如图 4–1–4 所示。

图 4—1—4 倾斜对象

旋转对象：光标放在右上角的控制点上时，拖动控制点旋转图形，如图 4–1–5 所示。

图 4—1—5 旋转对象

顺时针与逆时针旋转对象：选择“修改”→“变形中的顺时针旋转 90°、逆时针旋转 90°”命令，可以将图形按照规定的度数进行旋转，如图 4–1–6 所示。

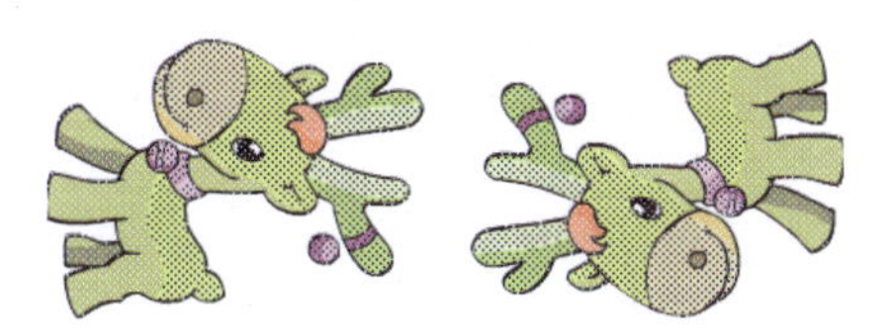

图 4—1—6 顺时针、逆时针旋转 90°

翻转对象：选择“修改”→“变形中的垂直翻转、水平翻转”命令，可以将图形进行翻转，如图 4–1–7 所示。

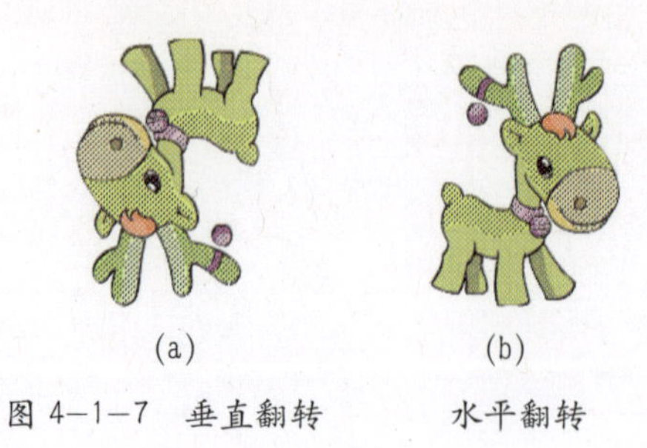
(a) (b)

图 4–1–7 垂直翻转 水平翻转

组合对象：选中多个图形，选择“修改”→“组合”命令，或按 Ctrl+G 组合键，将选中的图形进行组合，如图 4–1–8 所示。

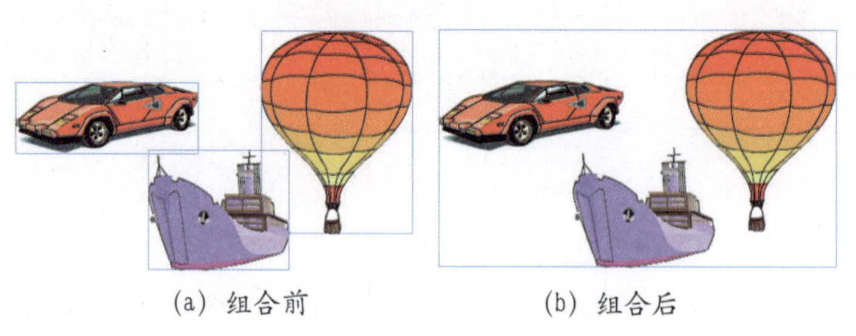
(a) 组合前 (b) 组合后

图 4–1–8 对象组合前后的对比效果

分离对象：要修改多个图形的组合、图像、文字或组件的一部分时，可以使用“修改”→“分离”命令。或按 Ctrl+B 组合键，将组合的图形打散。另外，制作变形动画时，需用分离命令将图形的组合、图像、文字或组件转变成图形，如图 4–1–9 所示。

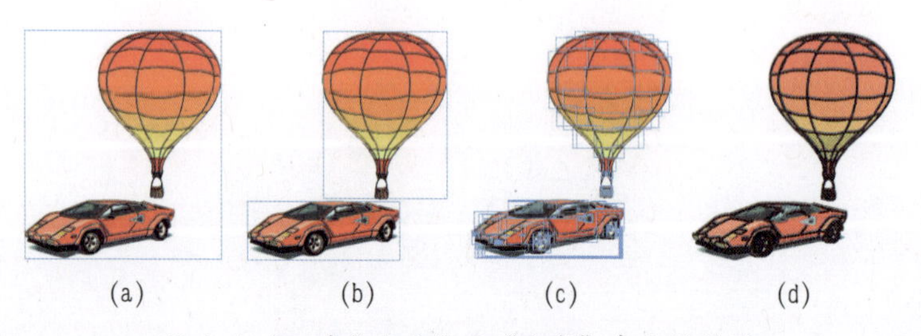
(a) (b) (c) (d)

图 4–1–9 对象多次使用“分离”命令的效果

叠放对象：制作复杂图形时，多个图形的叠放次序不同，会产生不同的效果，可以通过修改排列中的命令实现不同的叠放效果。如果要将图形移动到所有图形的顶层，选中要移动的热气球图形，选择“修改”→“排列”→“移至顶层”命令，将选中的热气球图形移动到所有图形的顶层，如图 4–1–10 所示。

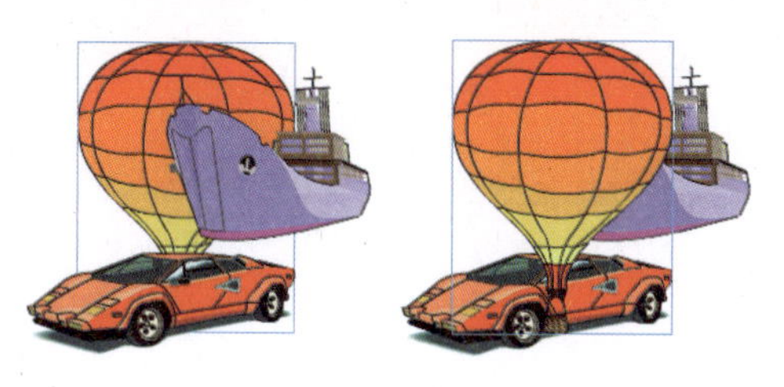

图 4—1—10　对象不同的叠放效果

对齐对象：当选择多个图形、图像、图形的组合、组件时，可以通过修改对齐中的命令调整它们的相对位置。如果要将多个图形的底部对齐，选中多个图形，选择“修改”→“对齐”→“底对齐”命令，将所有图形的底部对齐，如图 4-1-11 所示。

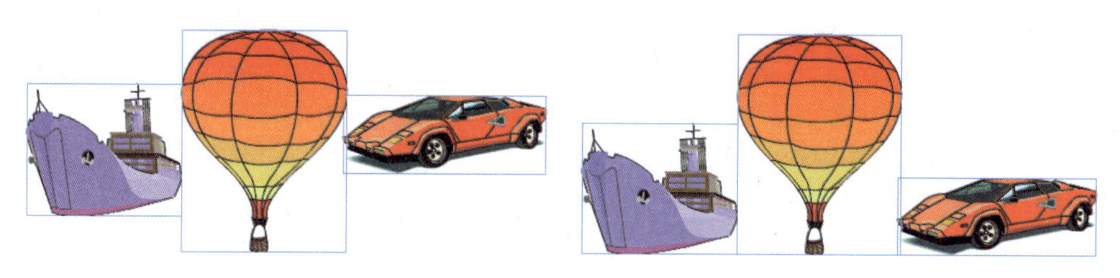

图 4—1—11　对象对齐前后的对比效果

4.2　对象的修饰

优化曲线：应用优化曲线命令可以将线条优化得较为平滑。选中要优化的线条，选择“修改”→“形状”→“优化”命令，弹出最优化曲线对话框，进行设置后，单击确定按钮，弹出提示对话框，单击确定按钮，线条被优化，如图 4-2-1 所示。

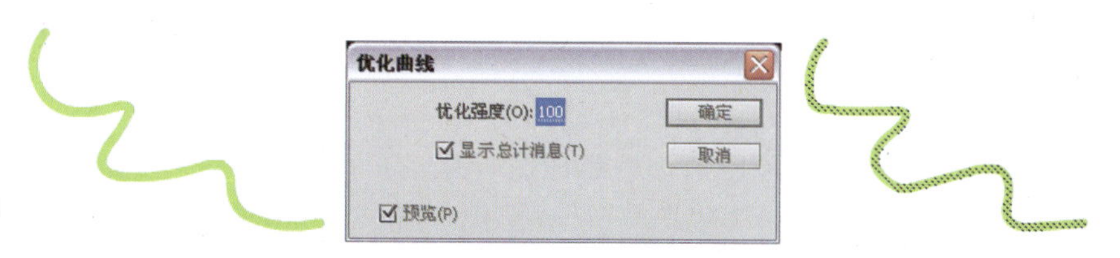

图 4—2—1　曲线优化前后的对比效果

将线条转换为填充：应用将线条转换为填充命令可以将矢量线条转换为填充色块。选择墨水瓶工具，为图形绘制外边线。双击图形的外边线将其选中，选择“修改”→“形状”→“将线条转换为填充”命令，将外边线转换为填充色块。这时，可以选择颜料桶工具，为填充色块设置其他颜色，如图 4-2-2 所示。

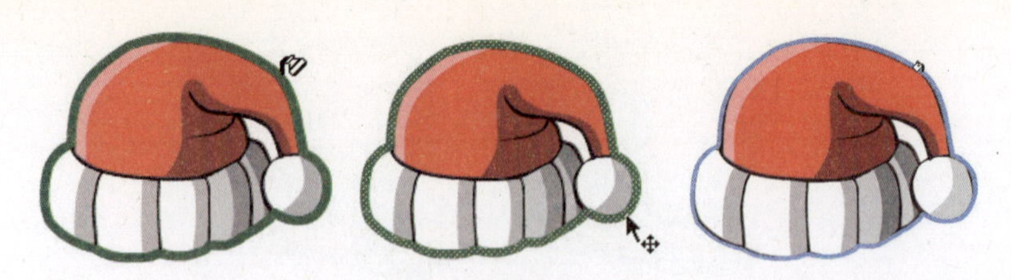

(a) 为图形绘制外边线　(b) 将外边线转换为填充色块　(c) 为填充色块设置其他颜色

图 4-2-2　将线条转换为填充

扩展填充：选中图形的填充颜色，选择“修改”→“形状”→“扩展填充”命令，弹出扩展填充对话框，设置后单击确定按钮，填充色向外扩展，如图 4-2-3 所示。

图 4-2-3　扩展填充色前后效果

收缩填充色：选中图形的填充颜色，选择“修改”→“形状”→“扩展填充”命令，弹出扩展填充对话框，设置后单击确定按钮，填充色向内收缩，如图 4-2-4 所示。

图 4-2-4　收缩填充色前后效果

向外、内柔化填充边缘：选中图形，选择“修改”→“形状”→“柔化填充”边缘命令，弹出柔化填充边缘对话框，设置后单击确定按钮，如图 4-2-5、图 4-2-6 所示。

图 4-2-5　向外柔化填充边缘

图 4-2-6　向内柔化填充边缘

对齐面板：选择“窗口”→“对齐”命令，弹出对齐面板。分为对齐选项组、分布选项组、匹配大小选项组、间隔选项组、相对于舞台选项，如图 4–2–7 所示。

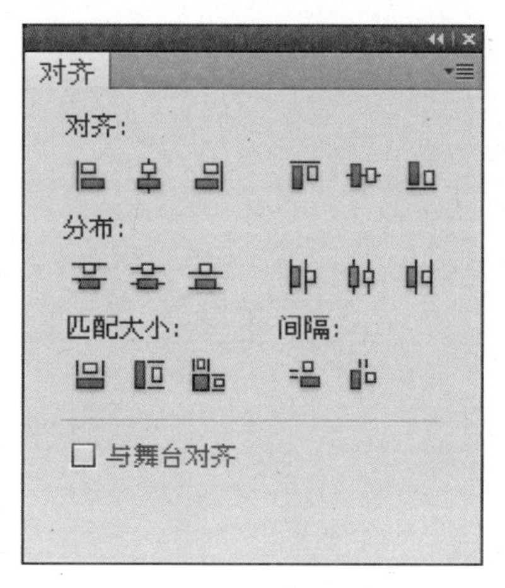

图 4–2–7　对齐面板

变形面板：选择“窗口”→“变形”命令，弹出变形面板。宽度和高度选项：用于设置图形的宽度和高度。约束选项：用于约束宽度和高度选项，使图形能够成比例地变形。旋转选项：用于设置图形的角度。倾斜选项：用于设置图形的水平倾斜或垂直倾斜。复制并应用变形按钮：用于复制图形并将变形设置应用给图形。重置按钮：用于将图形属性恢复到初始状态，如图 4–2–8 所示。

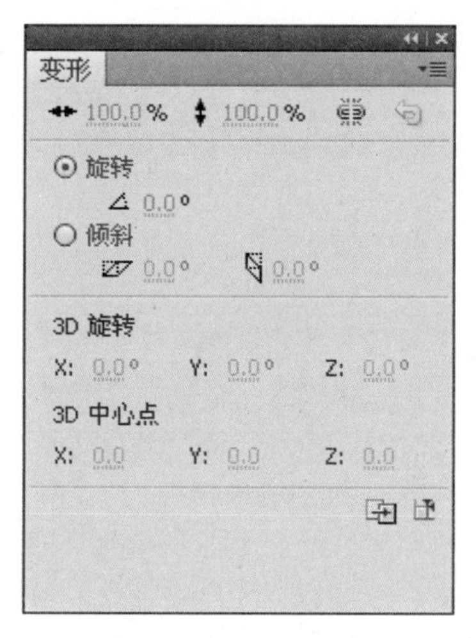

图 4–2–8　变形面板

本节案例练习——制作中秋节网页

使用椭圆工具、柔化填充边缘命令、直接复制命令来完成效果的制作，如图 4–2–9 所示最终效果。

图 4-2-9 练习效果图

本章小结

通过本章学习 Flash CS5 中对象的修饰，对齐面板与变形面板的应用方法，能够使用变形及对齐面板创建各种动画变形特效，使用柔化填充等相关工具使对象获得复杂的特殊效果，使用对象修饰来对动画进行编辑修改。

第 5 章　图层遮罩与编辑动画

※ 学习目标

基本遮罩动画制作，图层引导层动画制作，动画的编辑制作。

※ 课程重点

遮罩动画、引导层动画、使用动画编辑器、使用动画预设。

5.1　遮罩动画

什么是遮罩？顾名思义就是遮挡住下面的对象。在 Flash CS5 中，遮罩动画也确实是通过遮罩层来达到有选择地显示位于其下方的被遮罩层中的内容的目地。在一个遮罩动画中，遮罩层只有一个，被遮罩层可以有任意个。

遮罩动画：遮罩动画是 Flash 的一种基本动画方式，制作遮罩动画至少需要 2 个图层，即遮罩层和被遮罩层。在时间轴上，位于上层的图层是遮罩层，这个遮罩层中的对象就像一个窗口一样，透过它的填充区域可以看到位于其下方的被遮罩层中的区域。而任何的非填充区域都是不透明的，被遮罩层在此区域中的图像将不可见。

5.1.1　创建遮罩动画

（1）创建遮罩图层：在一个图层中放置被遮罩的对象，如这里放置一张素材图片。在该图层上创建一个新图层，在该图层中放置用于遮罩的对象，如这里放置一个八角星形。在时间轴面板中鼠标右击放置遮罩对象的图层，在关联菜单中选择遮罩层命令将该图层变为遮罩图层，此时即可获得需要的遮罩效果，如图 5-1-1 所示。

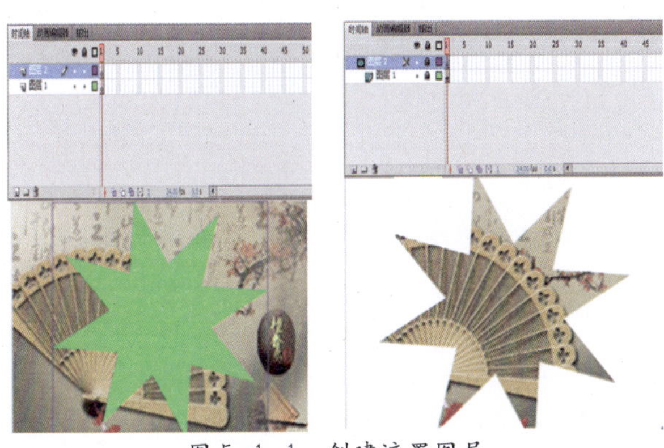

图 5—1—1　创建遮罩图层

（2）取消遮罩：在时间轴面板中选择遮罩图层，选择“修改”→“时间轴”→“图层属性”命令或双击图层名左侧的图标打开图层属性对话框。在对话框中选择类型栏中一般单选按钮。单击确定按钮，关闭图层属性对话框，则遮罩层转换为一般图层，遮罩效果被取消，如图 5–1–2 所示。

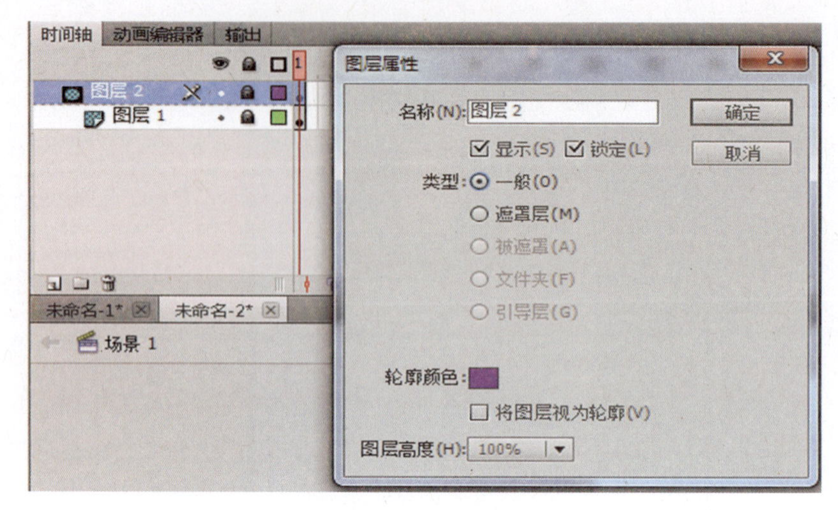

图 5–1–2　取消遮罩

5.2　引导层动画

5.2.1　创建引导层动画

引导层动画的原理很简单，就是将某个图层中绘制的线条作为补间元件的运动路径，引导层的作用就是辅助其他图层的对象运动和定位。引导层中的对象必须是打散的图形，也就是说作为路径的线条不能是组合对象，被引导层必须位于引导层的下方。要创建引导层动画，可以使用下面的方法来操作。在图层中绘制线条，如这里使用钢笔工具绘制一条曲线，鼠标右击该图层，选择关联菜单中的引导层命令将该图层转换为引导层。此时该图层的图层名左侧将显示图标。再创建一个新图层，在该图层中绘制被引导对象。将该图层拖放到引导层的下方，引导层即生效，这两个图层产生关联，如图 5–2–1 所示。

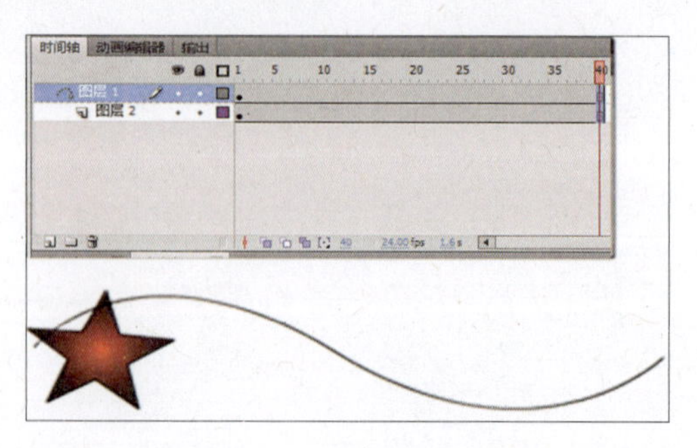

图 5–2–1　创建引导层动画

实例 1——引导层路径动画方法

操作步骤：

（1）创建引导路径动画的方法：一个最基本引导路径动画由两个图层组成，上面一层是引导层，它的图层图标为，下面一层是被引导层，图标为，同普通图层一样。在普通图层上点击时间轴面板的添加引导层按钮，该层的上面就会添加一个引导层，同时该普通层缩进，成为被引导层，如图 5-2-2 所示。

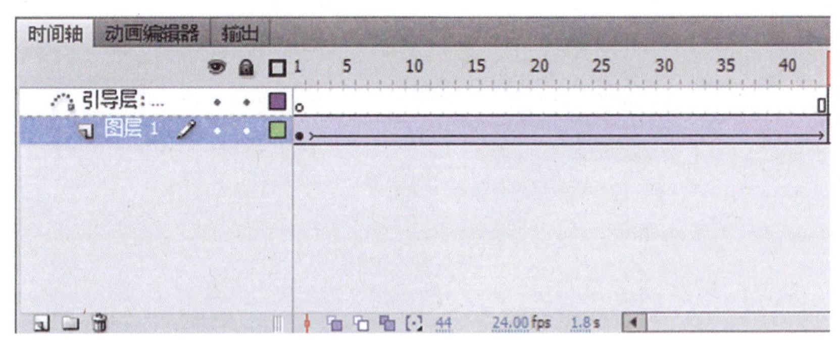

图 5-2-2　创建引导路径

（2）引导路径动画：引导层是用来指示元件运行路径的，所以引导层中的内容可以是用钢笔、铅笔、线条、椭圆工具、矩形工具或画笔工具等绘制出的线段。而被引导层中的对象是跟着引导线走的，可以使用影片剪辑、图形元件、按钮、文字等，但不能应用形状。由于引导线是一种运动轨迹，不难想象，被引导层中最常用的动画形式是动作补间动画，当播放动画时，一个或数个元件将沿着运动路径移动。

（3）向被引导层中添加元件：引导动画最基本的操作就是使一个运动动画附着在引导线上。所以操作时特别得注意引导线的两端，被引导的对象起始、终点的 2 个中心点一定要对准引导线的 2 个端头，如图 5-2-3 所示。

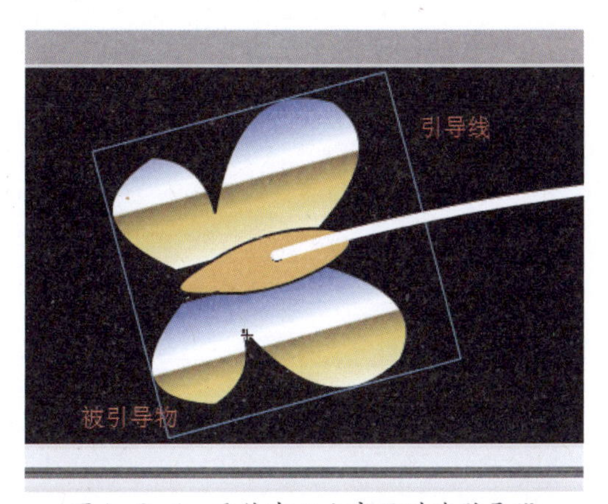

图 5-2-3　元件中心十字星对准引导线

（4）在图中，我们特地把元件的透明度设为50%，使读者可以透过元件看到下面的引导线，元件中心的十字星正好对着线段的端头，这一点非常重要，是引导线动画顺利运行的前提。

应用引导路径动画的技巧：被引导层中的对象在被引导运动时，还可作更细致的设置，比如运动方向，把属性面板上的路径调整前打上勾，对象的基线就会调整到运动路径。而如果在对齐前打勾，元件的注册点就会与运动路径对齐，如图5-2-4所示。

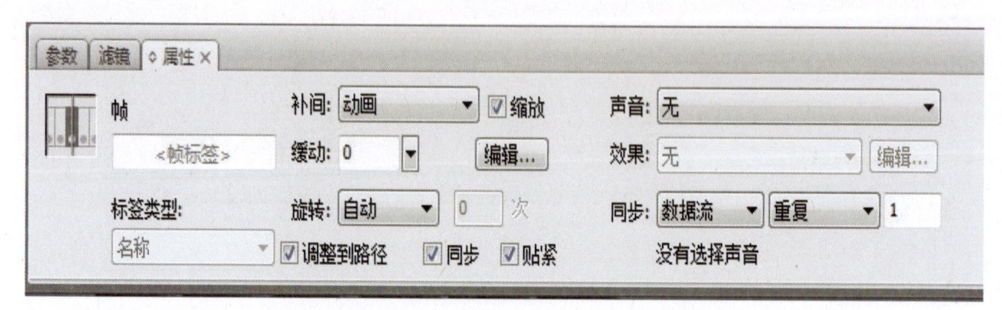

图5-2-4　路径调整和对齐

引导层中的内容在播放时是看不见的，利用这一特点，可以单独定义一个不含被引导层的引导层，该引导层中可以放置一些文字说明、元件位置参考等，此时，引导层的图标为。

在做引导路径动画时，按下工具栏上的对齐对象功能按钮，可以使对象附着于引导线的操作更容易成功。

过于陡峭的引导线可能使引导动画失败，而平滑圆润的线段有利于引导动画成功制作。

被引导对象的中心对齐场景中的十字星，也有助于引导动画的成功。

向被引导层中放入元件时，在动画开始和结束的关键帧上，一定要让元件的注册点对准线段的开始和结束的端点，否则无法引导，如果元件为不规则形状，可以按下工具栏上的任意变形工具，调整注册点。

如果想解除引导，可以把被引导层拖离引导层，或在图层区的引导层上单击右键，在弹出的菜单上选择属性，在对话框中选择正常作为图层类型，如图5-2-5所示。

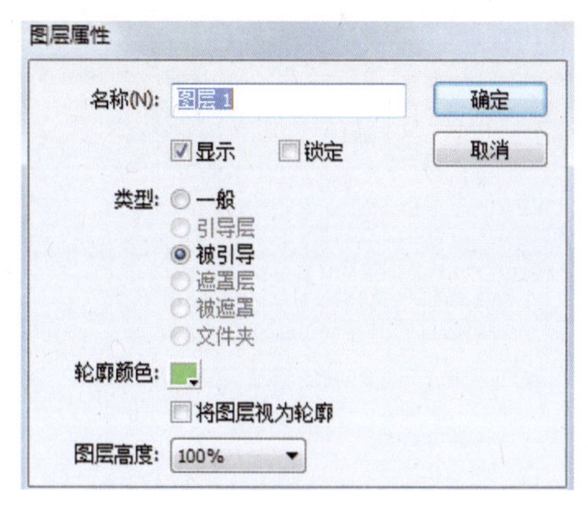

图 5-2-5　图层属性面板

如果想让对象作圆周运动，可以在引导层画个圆形线条，再用橡皮擦去一小段，使圆形线段出现 2 个端点，再把对象的起始、终点分别对准端点即可。

引导线允许重叠，比如螺旋状引导线，但在重叠处的线段必需保持圆润，让 Flash 能辨认出线段走向，否则会使引导失败。

5.3　使用动画编辑器

5.3.1　认识动画编辑器

在时间轴上创建了补间后，使用动画编辑器面板能够以多种方式来对补间进行控制。选择“窗口”→“动画编辑器”命令可以打开动画编辑器面板。在面板的左侧是对象属性的可扩展列表以及动画的缓动属性，面板右侧的时间轴上显示出直线或曲线，直观表现出不同时刻的属性值，如图 5-3-1、图 5-3-2 所示。

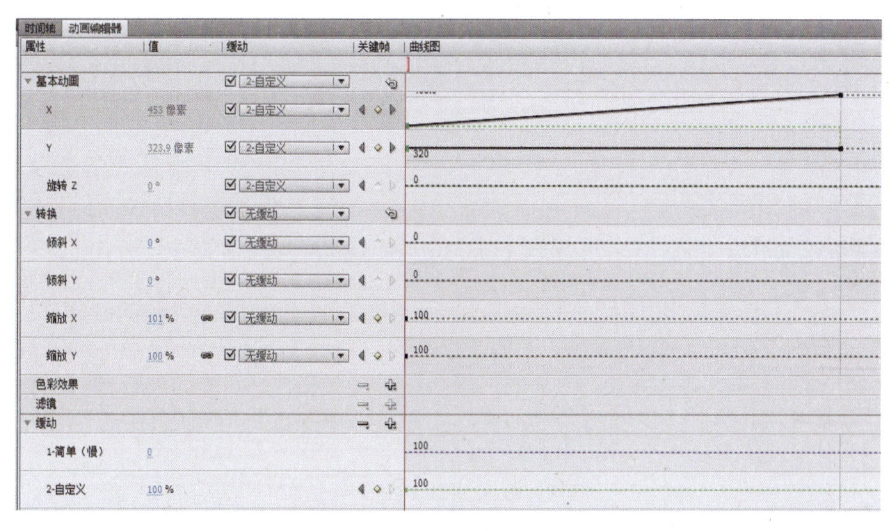

图 5-3-1　动画编辑器面板

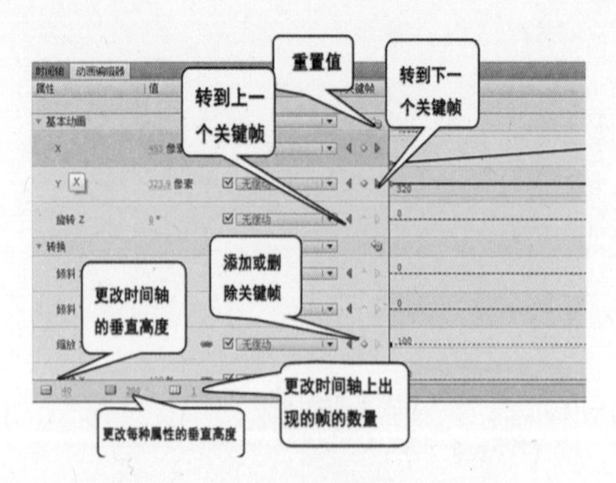

图 5—3—2　动画编辑器参数含义

5.3.2　应用动画编辑器面板编辑动画

添加或删除属性关键帧：在动画编辑器面板的时间轴上同样有红色的播放头，拖动该播放头到需要进行帧操作的位置，在面板中单击添加或删除关键帧按钮即可在播放头所在的帧添加一个关键帧，此时在该帧处的曲线上将显示一个关键帧节点，如图 5–3–3 所示。

图 5—3—3　显示关键帧节点

在时间轴上选择某个关键帧节点后，单击添加或删除关键帧按钮可以将该关键帧删除。在时间轴上拖曳关键帧节点可以改变关键帧的位置。

5.3.3　应用动画编辑器面板编辑动画

在动画编辑器面板中，除了可以通过在 X 和 Y 文本框中输入数值来改变对象在舞台上的位置之外，还可以通过改变 X 或 Y 属性时间轴上关键帧节点的垂直位置来更改该关键帧中实例在舞台上的位置，如图 5–3–4 所示。

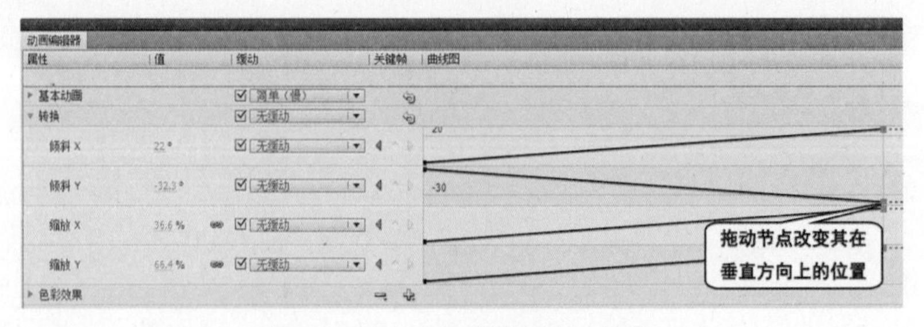

图 5—3—4　改变关键帧节点位置

使用动画编辑器面板可以对实例进行倾斜或缩放变换。在动画编辑器面板中展开转换选项栏，设置其中的倾斜 X 和倾斜 Y 值，可以对当前关键帧中实例进行倾斜变换。设置缩放 X 和缩放 Y 值，可以对实例进行缩放变换，如图 5-3-5 所示。

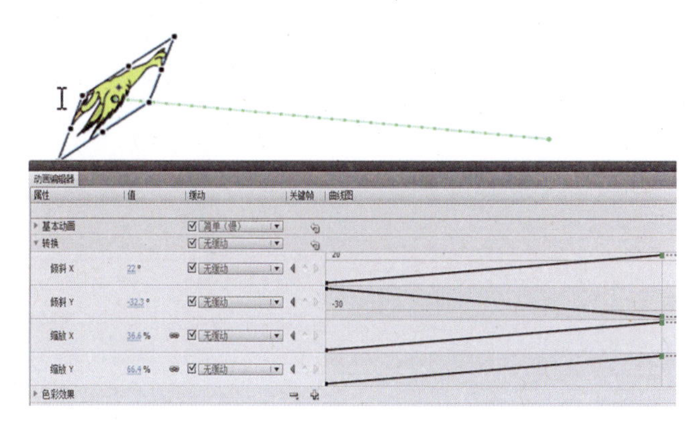

图 5-3-5　对实例进行缩放和倾斜变换

在动画编辑器面板中展开色彩效果选项栏，单击色彩效果选项右侧的按钮将打开一个菜单，在菜单中选择相应的选项，如这里的 Alpha，此时即可对该选项的参数进行设置。如果要删除添加的色彩效果，单击删除颜色、滤镜和缓动按钮，在打开的菜单中选择需要删除的项目即可，如图 5-3-6 所示。

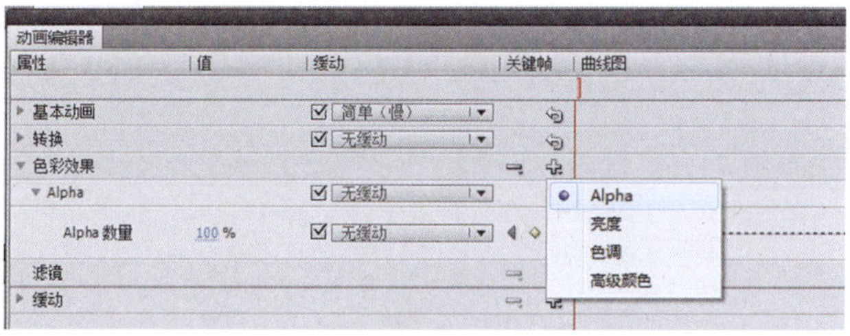

图 5-3-6　设置色彩效果选项栏

在动画编辑器面板中展开滤镜选项栏，单击滤镜选项右侧的按钮将打开一个菜单，在菜单中选择相应的选项，如这里的模糊，此时即可对模糊滤镜进行设置。如果要删除添加的滤镜效果，单击删除颜色、滤镜和缓动按钮，在打开的菜单中选择需要删除的项目即可，如图 5-3-7 所示。

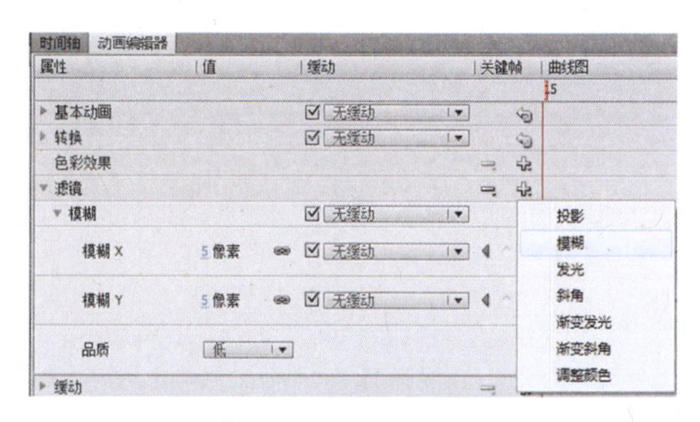

图 5-3-7　设置滤镜选项栏

为补间动画添加缓动，可以改变补间中实例变化的速度，使其变化效果更加逼真。在动画编辑器面板中展开缓动选项栏，Flash 已经预设了“简单慢”缓动效果，用户可以直接输入数值来设置缓动强度的百分比值，如图 5-3-8 所示。

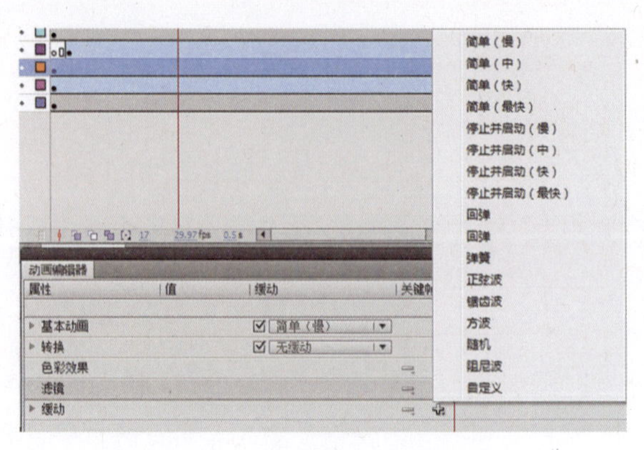

图 5-3-8 设置缓动选项栏

本节练习案例——电话来了

使用动画编辑器来创建补间动画效果的方法。动画播放时，手机从舞台上方落入舞台，然后震动。

在制作时，首先创建实例的补间动画，然后在动画编辑器面板中通过修改特定帧的对象的属性参数来创建对象移动、轻微旋转和模糊动画效果。通过本案例的制作，能够掌握使用动画编辑器创建补间动画的操作方法，如图 5-3-9 所示。

图 5-3-9 练习效果图

5.4 动画预设

5.4.1 使用动画预设

Flash 内置的动画预设，可以在动画预设面板中选择并预览其效果。选择“窗口”→“动画预设”命令，打开动画预设面板，在面板的默认预设文件夹中选择一个动画预设选项，在面板中即可查看其动画效果。应用动画预设、保存动画预设、导入动画预设，如图 5-4-1 所示。

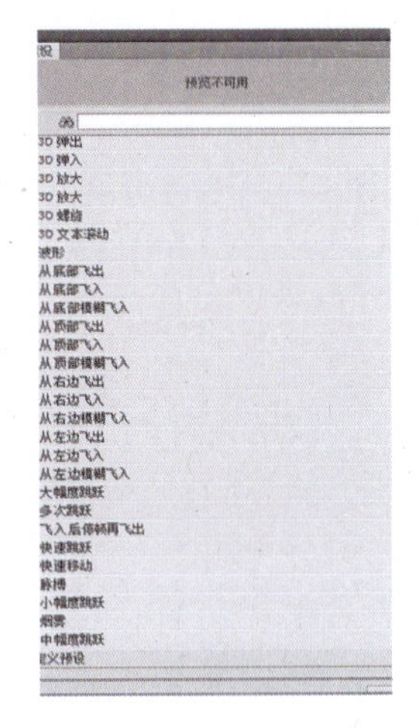

图 5—4—1　使用动画预设

5.4.2 应用遮罩时的技巧

遮罩层的基本原理是：能够透过该图层中的对象看到被遮罩层中的对象及其属性（包括它们的变形效果），但是遮罩层中的对象中的许多属性如渐变色、透明度、颜色和线条样式等却是被忽略的。比如，我们不能通过遮罩层的渐变色来实现被遮罩层的渐变色变化。

要在场景中显示遮罩效果，可以锁定遮罩层和被遮罩层。可以用 AS 动作语句建立遮罩，但这种情况下只能有一个被遮罩层，同时，不能设置 Alpha 属性。不能用一个遮罩层试图遮蔽另一个遮罩层。遮罩可以应用在 gif 动画上。在制作过程中，遮罩层经常挡住下层的元件，影响视线，无法编辑，可以按下遮罩层时间轴面板的显示图层轮廓按钮■，使之变成■，使遮罩层只显示边框形状，这种情况下，还可以拖动边框调整遮罩图形的外形和位置。在被遮罩层中不能放置动态文本。

本章小结

通过本章学习 Flash CS5 中遮罩图层和引导层的创建和使用方法，同时详细介绍动画编辑器和 Flash 预设动画的使用方法。通过本章的学习，能够使用遮罩层创建各种动画特效，使用引导层使对象获得复杂的运动路径，能够使用动画编辑器来对补间动画进行编辑修改。

第6章　元件和库

在 Flash CS5 中，元件起着举足轻重的作用。通过重复应用元件，可以提高工作效率、减少文件量。本章讲解了元件的创建、编辑、应用以及库面板的使用方法。通过学习要了解并掌握如何应用元件的相互嵌套及重复应用来制作出变化无穷的动画效果。

※ 学习目标

利用元件与库面板完成案例效果，利用椭圆、矩形工具绘制所需要图形，使用创建补间动画命令制作动画，使用文本工具输入文字，使用任意变形工具调整元件的大小。

※ 课程重点

图形元件、按钮元件、影片剪辑元件、实例的创建与应用。

元件概述：元件是一个可以重复使用的图像、动画或按钮。

实例概述：将元件从库中拖到舞台上使用就叫实例。一个演员从休息室走上舞台就是演出，同理，元件从库面板中进入舞台就被称为该元件的实例，如图 6-0-1 所示。

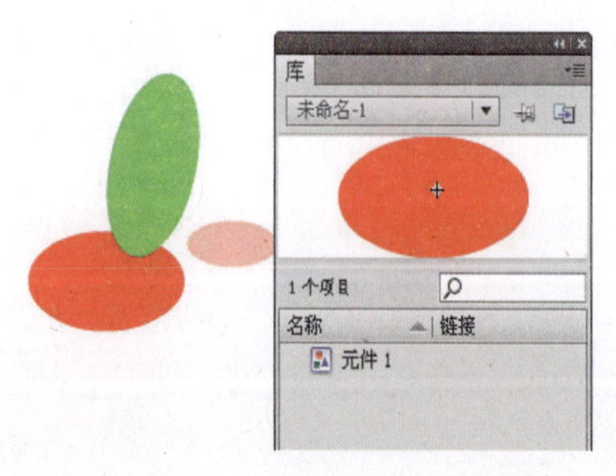

图 6—0—1　元件 1 的三个实例

使用元件有诸多的优点，如大大提高开发的效率、降低动画的复杂度等。

首先，可以简化影片，在影片制作的过程中，把要多次使用的元素做成元件，当修改了元件后，使用它的所有实例都会随之更新，而不必逐一修改，大大节省了设计时间。

其次，由于所有实例在文件中仅仅保存一个完整的描述，而其余实例只需保存一个参考指针，因此大大减少文件尺寸。

最后，在使用元件时，由于一个实例在浏览中仅需下载一次，这样可以加快影片的播放速度。

6.1 元件与库面板

Flash 中的元件有 3 种类型，他们分别是图形元件、按钮元件、影片剪辑元件。

图形元件：图形是元件的一种最原始的形式，其与影片剪辑相类似，可以放置其他元件和各种素材。一般用于创建静态图像或创建可重复使用的、与主时间轴关联的动画，它有自己的编辑区和时间轴以创建动画，但其不具有交互性，无法像影片剪辑那样添加滤镜效果和声音。

如果在场景中创建元件的实例，那么实例将受到主场景中时间轴的约束。换句话说，图形元件中的时间轴与其实例在主场景的时间轴同步，如图 6-1-1 所示。

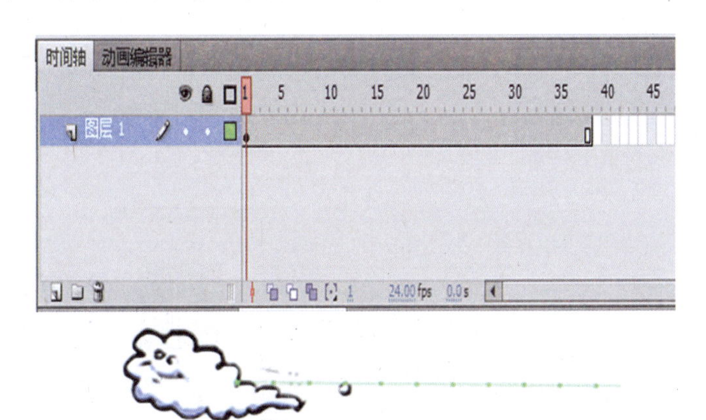

图 6—1—1 图形元件与实例的时间轴同步

按钮元件：按钮元件是创建能激发某种交互行为的按钮。用于在动画中实现交互，有时也可以使用它来实现某些特殊的动画效果。一个按钮元件有 4 种状态，它们是弹起、指针经过、按下和点击，每种状态可以通过图形或影片剪辑来定义，同时可以为其添加声音。在动画中一旦创建了按钮，就可以通过 ActionScript 脚本来为其添加交互动作，如图 6-1-2 所示。

图 6–1–2　按钮元件

影片剪辑元件：影片剪辑元件也像图形元件一样有自己的编辑区和时间轴，但又不完全相同。影片剪辑元件的时间轴是独立的，它不受其实例在主场景主时间轴的控制。

实际上它是可重复使用的动画片段，其拥有相对于主时间轴独立的时间轴，也拥有相对于舞台的主坐标系独立的坐标系。它是一个容器，可以包含一切素材，如用于交互的按钮、声音、图片和图形等，甚至可以是其他的影片剪辑。同时，在影片剪辑中也可以添加动作脚本来实现交互和复杂的动画操作。通过对影片剪辑添加滤镜或设置混合模式，可以创建各种复杂的效果。在影片剪辑中，动画可以自动循环播放，当然也可以用脚本来进行控制，如图 6–1–3 所示。

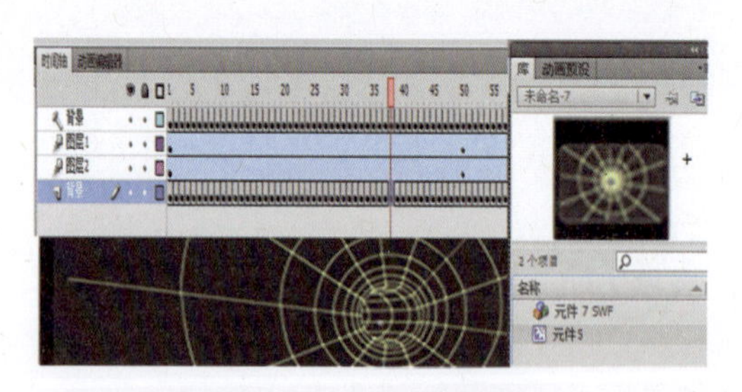

图 6–1–3　影片剪辑效果

创建图形元件：创建图形元件 Graphic，按 Ctrl+F8 快捷键创建一个空白的新元件，如图 6–1–4 所示。

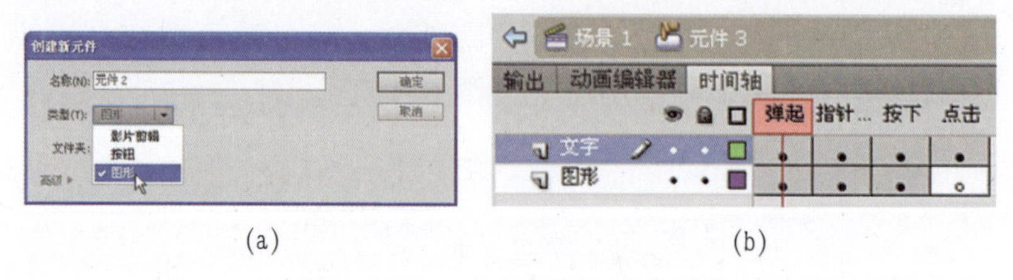

(a)　　　　　　　　(b)

图 6–1–4　创建图形元件过程

创建按钮元件：选择“插入”→“新建元件”命令，弹出创建新元件对话框，在名称选项的文本框中输入“星星”，在类型选项的下拉列表中选择按钮选项，单击确定按钮，创建一个新的按钮元件“星星”。按钮元件的名称出现在舞台的左上方，舞台切换到了按钮元件星星的窗口，窗口中间出现十字，代表按钮元件的中心定位点。在时间轴窗口中显示出 4 个状态帧：弹起、指针、按下、点击。在库面板中显示出按钮元件，如图 6-1-5 所示。

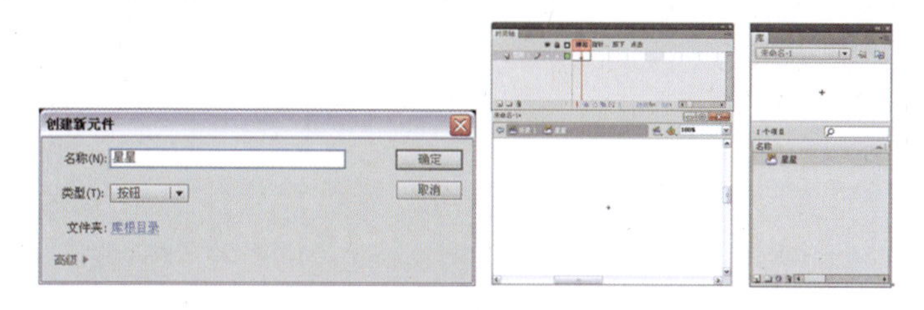

图 6-1-5　创建按钮元件

创建影片剪辑元件：影片剪辑元件就是平时常听说的 MC，Movie Clip。可以把舞台上任何看得到的对象，甚至整个时间轴内容创建为一个 MC，而且还可把这个 MC 放置到另一个 MC 中。还可以把一段动画，如逐帧动画转换成影片剪辑元件。

如果要把已经做好的一段动画转换为影片元件就不能选中舞台上的对象直接按 F8，而是要首先按 Ctrl+F8 创建一个新元件，然后把舞台上的动画所有图层剪切再粘贴到新的影片元件中，如图 6-1-6 所示。

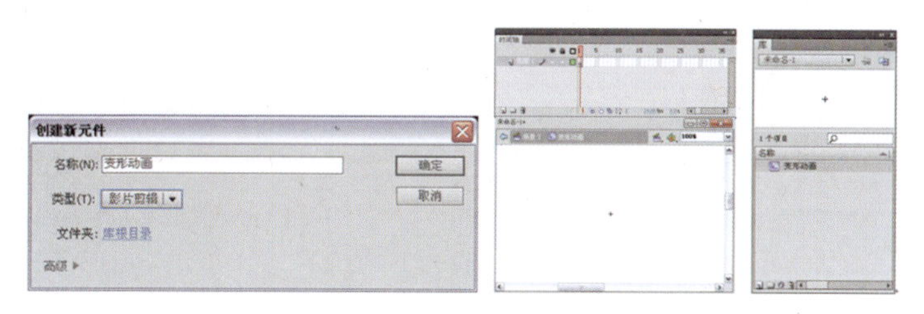

图 6-1-6　创建影片剪辑元件过程

叶子图形元件的制作效果如图 6-1-7 所示。

图 6-1-7　绘制叶子图形元件

转换元件：将图形转换为图形元件，如果在舞台上已经创建好矢量图形并且以后还要再次应用，可将其转换为图形元件。选中矢量图形，选择“修改”—“转换为元件”命令，或按 F8 键，弹出转换为元件对话框，进行设置后单击确定按钮，矢量图形被转换为图形元件，如图 6-1-8 所示。

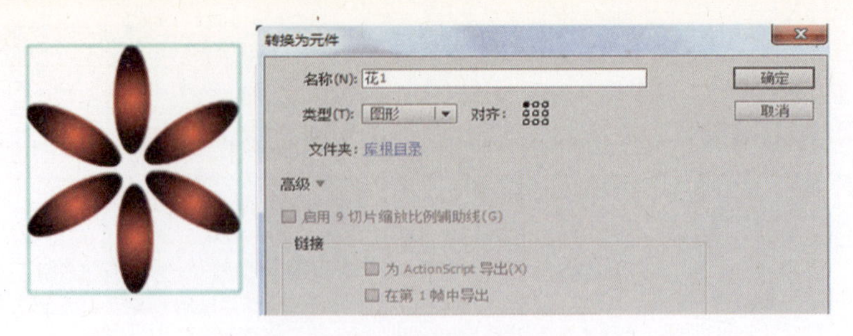

图 6-1-8　转换元件设置

设置图形元件的中心点：选中矢量图形，选择“修改”→“转换为元件”命令，弹出转换为元件对话框，在对话框的注册选项中有 9 个中心定位点，可以用来设置转换元件的中心点。

转换元件：在制作的过程中，可以根据需要将一种类型的元件转换为另一种类型的元件。选中库面板中的图形元件，单击面板下方的属性按钮，弹出元件属性对话框，选中影片剪辑选项，单击确定按钮，图形元件转化为影片剪辑元件。

库：在 Flash 中，库用于存放动画元素，用来存储和管理用户创建的各种类型的元件，同时也可以放置导入的声音、视频、位图和其他各种可用的文件。在 Flash 中，库就像一个仓库，在合成动画时，只需要从这个仓库中将需要使用的部件拿出来，应用到动画中即可。使用库能够给创作带来极大的方便，省略很多重复操作，且可以使不同的文档之间共享各自库中的资源。提示：操作步骤为新建和删除元件，使用文件夹，复制元件查看属性，如图 6-1-9 所示。

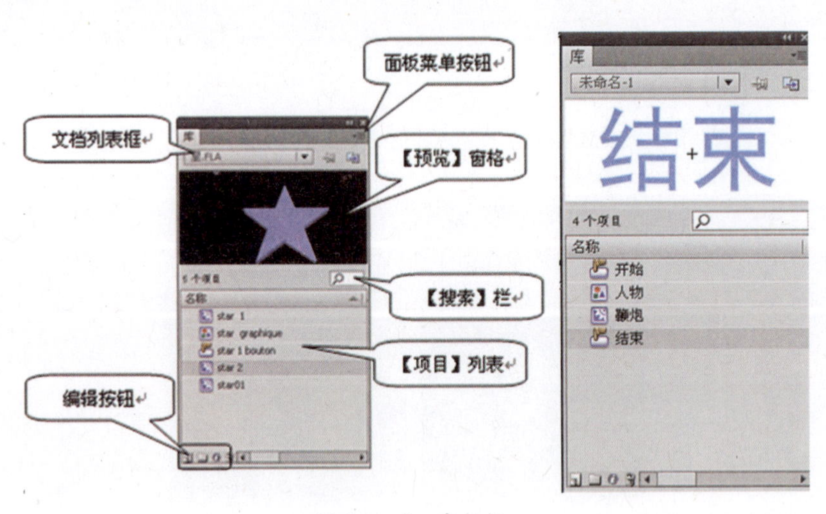

图 6-1-9　库面板

库面板弹出式菜单：单击库面板右上方的按钮，出现弹出式菜单，在菜单中提供了实用命令，如图 6-1-10 所示。

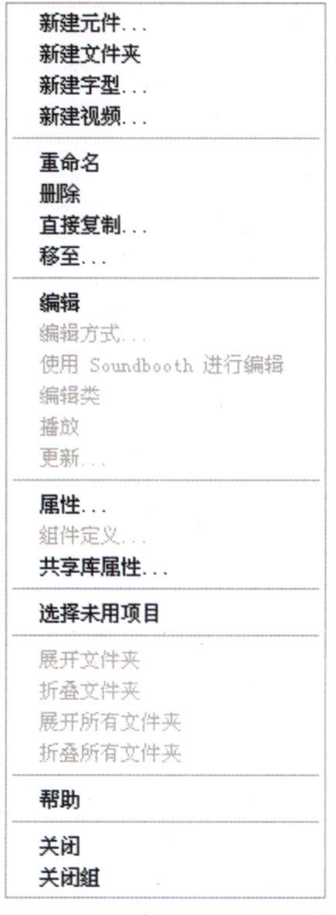

图 6–1–10　库面板弹出式菜单

内置公用库及外部库的文件：内置公用库，Flash CS5 附带的内置公用库中包含一些范例，可以使用内置公用库向文档中添加按钮或声音。使用内置公用库资源可以优化动画制作者的工作流程和文件资源管理。

内置外部库：可以在当前场景中使用其他 Flash CS5 文档的库信息。

外部库：在制作动画时，用户可以使用已经制作完成的动画中的元件，这样可以简化动画制作的工作量、节省制作事件并提高制作效率。要使用外部库，可以采用下面的方法操作。

选择“文件”→“导入打开外部库”命令打开“作为库打开”对话框，在对话框中选择需要打开的源文件，单击打开按钮，即可打开该文档的库面板。此时，只需在库面板中将需要使用的元件拖放到舞台，该元件即成为当前文件的实例，同时该元件将出现在当前文档的库面板中，如图 6–1–11 所示。

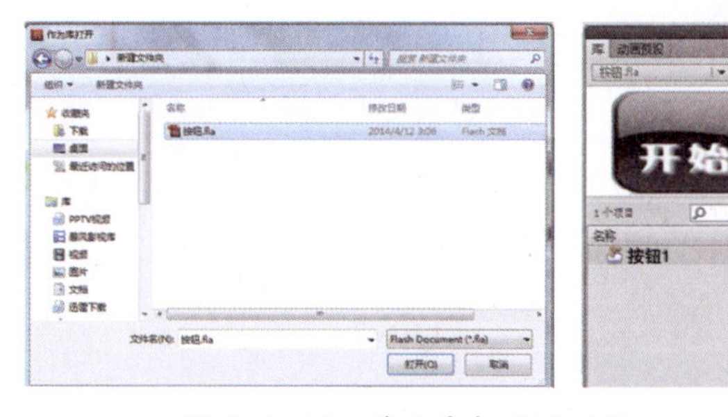

图 6–1–11　作为库打开对话框

公用库：在 Flash 中，库实际上分为专用库和共用库。专用库，就是当前文档使用的库。共用库是 Flash 的内置库，其不能进行修改和相应的管理操作。

在窗口菜单的共用库子菜单中有 3 个选项，它们是声音、按钮和类，分别对应 Flash 中的 3 种共用库：声音库、按钮库、类库。

实例——古画配诗

操作步骤：

（1）导入背景图片和梅花图片到舞台。将梅花图片转换为影片剪辑，在属性面板的显示栏中，将混合模式设置为正片叠底。在色彩效果栏中的样式下拉列表中选择高级选项，对图片的颜色进行调整。

（2）输入文字“梅”，将文字颜色设置为黑色：其颜色值为 #000000，在属性面板的显示栏中将混合模式设置为叠加。

（3）输入古诗，在属性面板中将文字颜色设置为黑色：其颜色值为 #000000，设置文本的字间距和行间距。在容器和流栏中将笔触颜色设置为黑色，笔触宽度设置为 25 像素，以颜色值为 #E0C49C 的颜色进行纯色填充。在显示栏中将混合模式设置为叠加。为文本添加投影、发光和斜角滤镜，根据需要调整滤镜的参数，如图 6-1-12 所示。

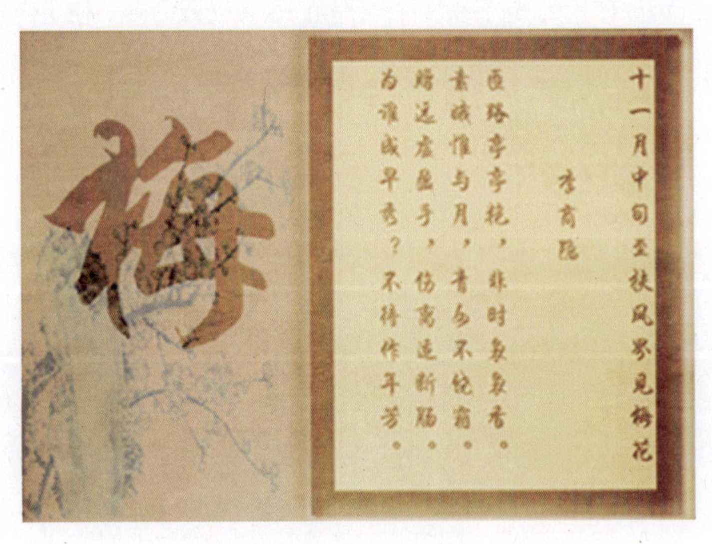

图 6-1-12　最终效果

6.2 实例的创建与应用

建立图形元件的实例：创建元件后，在文档的任何位置使用该元件就可以得到元件的实例，如将元件拖放到舞台上，舞台上就增加了该元件的一个实例。可以对实例进行任意的缩放和添加滤镜等操作，这些操作都不会对元件本身产生任何影响。当对元件进行修改后，Flash 会更新该元件的所有实例。

建立按钮元件的实例：按钮实际上是一个有 4 帧的影片剪辑，这 4 个帧对应按钮的 4 种不同的状态。按钮实例的时间轴不能播放，但可以感知用户鼠标的动作，并根据鼠标动作来触发对应的事件。要设置按钮实例的属性，可以在其属性面板中进行，如图 6–2–1 所示。

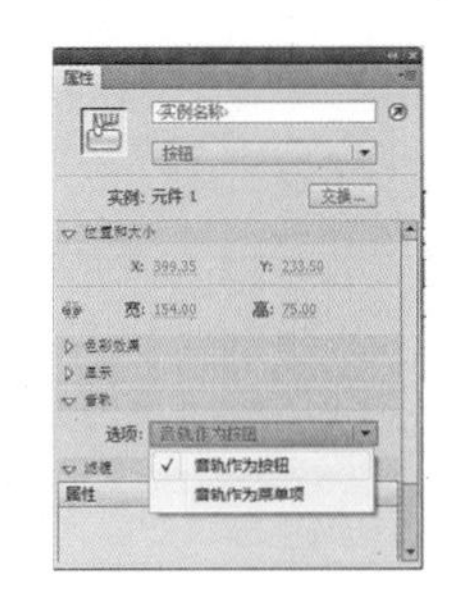

图 6—2—1　属性面板

建立影片剪辑元件的实例：将创建的影片剪辑拖放到舞台上或其他的元件内即可获得该影片剪辑的一个实例。影片剪辑拥有自己独立的时间轴，其播放与主时间轴的播放没有关系。影片剪辑也是一种对象，在属性面板中可以对其属性进行设置。与图形实例相比，影片剪辑实例在属性面板中同样可以设置位置、大小和色彩效果等，但不同的是其可以添加滤镜效果和应用混合模式。

在 Flash 中，影片剪辑是一种对象，其可以通过 ActionScript 来进行调用（见图 6–2–2）。为了实现这种调用，需要给予影片剪辑一个可以识别的名称，这个名称并不是该元件在库面板列表中的名称。在属性面板的实例名称文本框中输入名称，即可为影片剪辑命名，如图 6–2–3 所示。

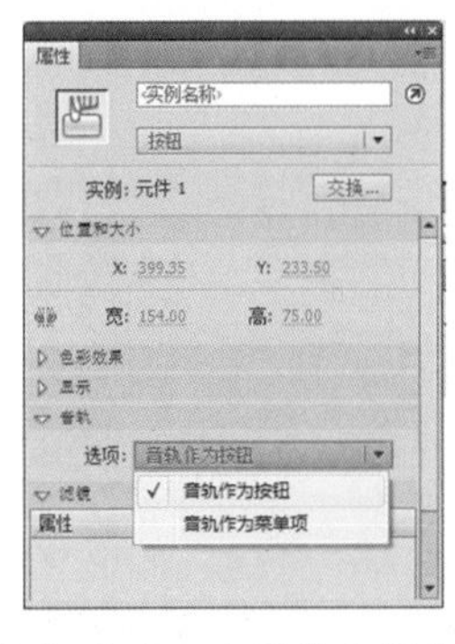

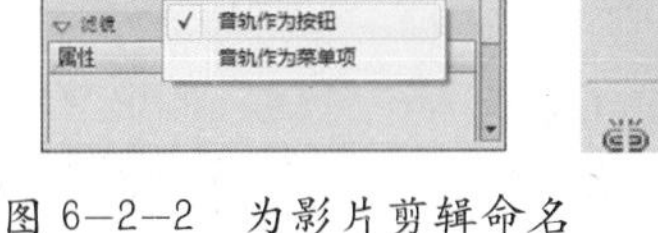

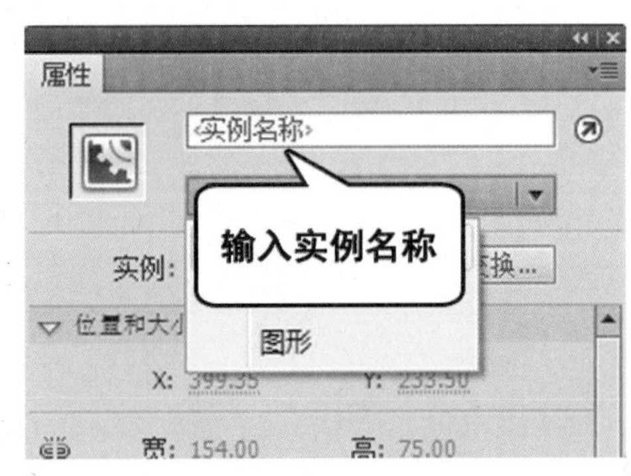

图 6—2—2　为影片剪辑命名　　　　图 6—2—3　输入名称

设置实例的混合模式：对于影片剪辑来说可以像 Photoshop 那样处理对象之间的混合模式，通过混合模式的设置来创建复合图像效果。所谓的复合，是改变两个或多个重叠图像的透明度或颜色关系的过程，通过复合可以混合重叠影片剪辑中的颜色，从而创造独特的视觉效果，如图 6–2–4、图 6–2–5 所示。

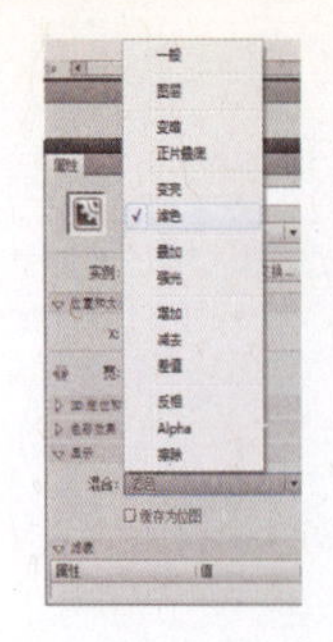

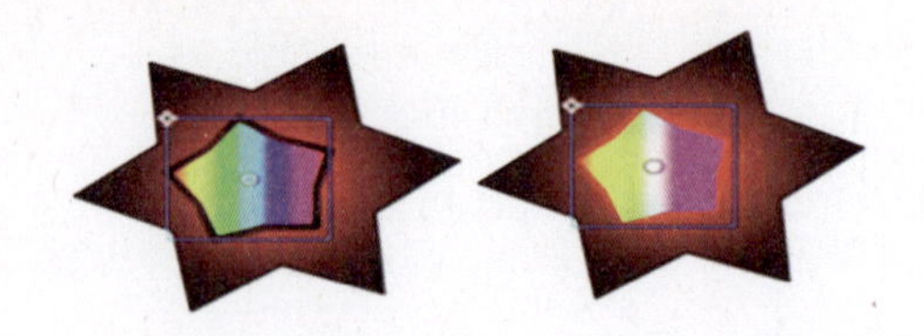

图 6-2-4　选择混合面板　　　　图 6-2-5　应用滤镜混合模式前后效果对比

转换实例的类型：每个实例最初的类型，都是延续了其对应元件的类型。可以将实例的类型进行转换。在舞台上选择图形实例，在属性面板的左上方，选择元件行为选项下拉列表中的影片剪辑，图形属性面板转换为影片剪辑属性面板，实例类型从图形转换为影片剪辑，如图 6-2-6 所示。

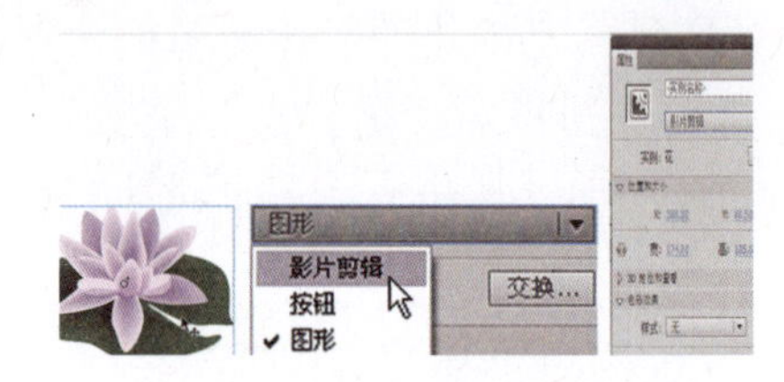

图 6-2-6　实例类型从图形转换为影片剪辑

循环栏：循环栏是图形实例的一个独有设置栏，其用于设置实例跟随动画同时播放的方式。在选项下拉列表中选择相应的选项即可进行设置，如图 6-2-7 所示。

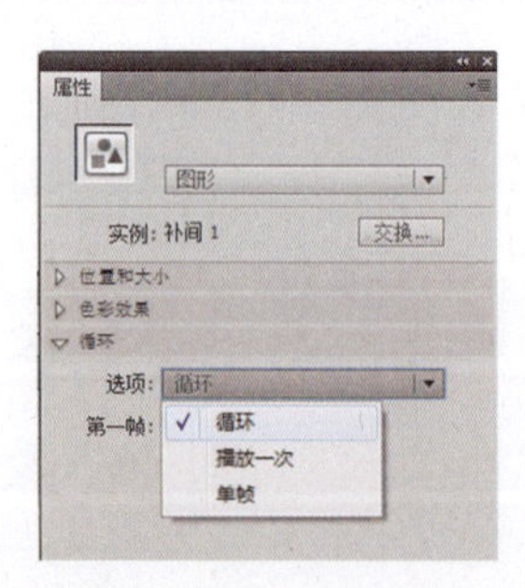

图 6-2-7　循环栏

循环：选择该选项，实例跟随动画同时进行循环播放自身动画，在第一帧文本框中输入动画开始的帧。播放一次：选择该选项，从指定帧开始播放动画序列，播放完后动画停止。在第一帧文本框中输入指定帧的帧数。单帧：显示动画序列中的某一帧，在第一帧文本框中输入需要显示的帧的帧数。

替换实例引用的元件：如果需要替换实例所引用的元件，但保留所有的原始实例属性，如色彩效果或按钮动作，可以通过 Flash 的交换元件命令来实现。

选中花实例，单击图形属性面板中的交换元件按钮，弹出交换元件对话框，在对话框中选中按钮元件按钮，单击确定按钮，花转换为按钮，如图 6-2-8 所示。

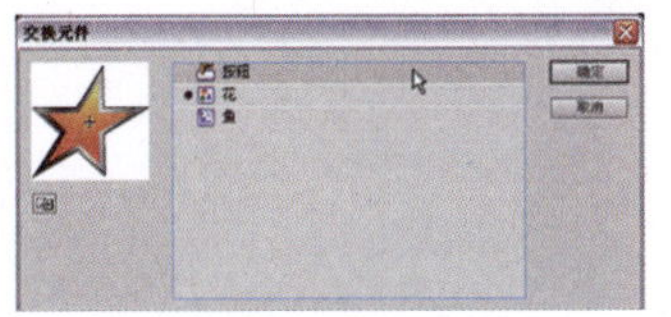

图 6–2–8　交换元件按钮

改变实例：对于创建的实例，用户可以在属性面板中对其进行设置，这里除了可以更改实例的色彩、大小和添加滤镜等操作之外，还可以改变实例的类型和交换实例。同时，实例也可以被分离以便于对其进行编辑修改：改变实例的类型、交换实例、分离实例。

改变实例的颜色和透明效果：每个元件都有自己的色彩效果，要想在实际应用中改变这个效果，可以在属性面板的色彩效果栏用于改变实例的色彩效果。在该栏中，样式下拉列表包含无、亮度、色调、高级和 Alpha 这 5 个选项，在下拉列表中选择相应的设置项，即可对实例进行设置。

在舞台中选中实例，在属性面板中的色彩效果选项组的样式选项的下拉列表中，应用其中的选项可以改变实例的颜色和透明效果，如图 6–2–9、图 6–2–10、图 6–2–11 所示。

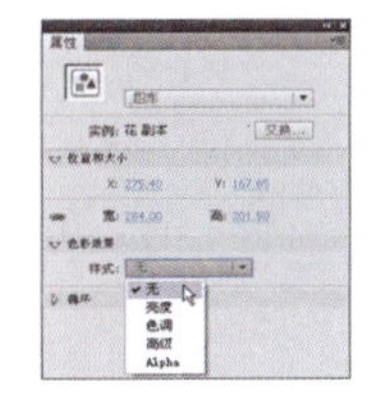
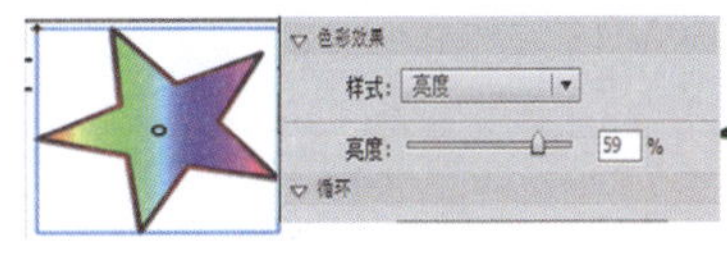

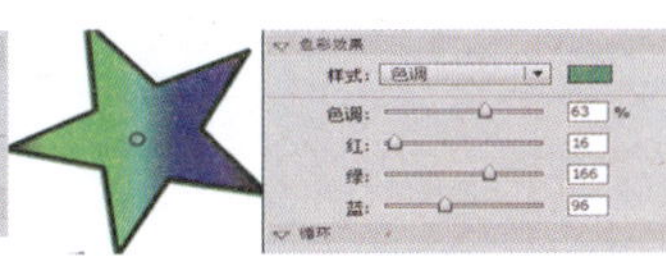

图 6–2–9　属性面板　　图 6–2–10　调整实例亮度　　图 6–2–11　调整色调

分离实例：选中实例，选择“修改”→“分离”命令，或按 Ctrl+B 组合键，将实例分离为图形，即填充色和线条的组合，选择颜料桶工具，设置不同的填充颜色，改变图形的填充色，如图 6–2–12 所示。

图 6–2–12　分离实例过程

元件编辑模式：元件创建完毕后常常需要修改，此时需要进入元件编辑状态，修改完元件后又需要退出元件编辑状态进入主场景编辑动画。

进入组件编辑模式，可以通过以下几种方式：

（1）在主场景中双击元件实例进入元件编辑模式。

（2）在库面板中双击要修改的元件进入元件编辑模式。

（3）在主场景中用鼠标右键单击元件实例，在弹出的菜单中选择编辑命令进入元件编辑模式。

（4）在主场景中选择元件实例后，选择“编辑”→“编辑元件”命令进入元件编辑模式。

退出元件编辑模式，可以通过以下几种方式：

（1）单击舞台窗口左上方的场景名称，进入主场景窗口。

（2）选择“编辑”→“编辑文档”命令，进入主场景窗口。

本节练习案例 1——制作演唱会动画

使用钢笔工具绘制图形，使用椭圆工具绘制图形，使用颜色面板为圆形填充颜色，使用矩形工具制作底图，如图 6-2-13 所示。

图 6-2-13　制作演唱会动画

本节练习案例 2——制作儿童广告动画

使用矩形工具绘制图形，使用任意变形工具调整图形的大小，使用多角星形工具绘制星星，使用椭圆工具绘制云朵，如图 6-2-14 所示。

图 6-2-14　制作儿童广告动画

第 7 章　基本动画应用范例

在 Flash 动画中，动画记录的是关键帧和控制动作，生成的动画文件非常小巧，与传统的动画制作软件相比，Flash 动画具有图文并茂、流媒体传输和受限制小等特点，同时具有强大的交互功能。通过学习要了解并掌握如何应用基本动画技能制作出变化无穷的动画效果。

※ 学习目标

了解动画的意义，利用关键帧调整绘制完成动画案例效果。

※ 课程重点

掌握逐帧动画、关键帧动画、如何选择帧、插入帧等相关操作。

动画是由一格一格的帧所组成，在时间轴中可以对照帧上方时间标尺来了解每一帧的位置，标尺上有一个红色帧指针，用于显示当前所显示帧的位置，而在时间轴状态栏中也会显示帧的编号。播放动画时，帧指针会沿着时间标尺由左向右移动，以指示当前所播放的帧。在编辑动画时，也可以拖动帧指针到预定的位置。在时间轴的标尺最右边有一个帧显示按钮，单击它会显示下拉菜单，你可以选取五个与帧显示有关的命令，默认是标准。要使帧的高度缩短，在下拉菜单中选择“较短”，如果想显示帧的缩略图，即为缩小的图，在下拉菜单中选择“预览”，但这样会占用更多的帧面板空间和系统资源，选择关联预览可以在预览的基础上显示图像的位置和大小比例。还原的方法是重新选择标准即可。要改变帧的播放速度，可以双击帧面板状态栏中的 12.0 激活影片属性对话框，也可以选择—修改菜单中的影片命令。将默认的 12.0 改为其他数值。本节主要介绍帧的概念、帧指针、修改帧的显示模式和改变帧的播放速度。

物体的运动渐变动画原理：运动渐变是针对某一层上的单一实例、文本块而言的，而分离图形转换成符号或实例才能发生运动动画，运动渐变一般只对单一的对象而言，如让多个对象一起动起来，则应放在不同的层上，分别制作渐变动画。

动画创建过程：即给一个对象在两个关键帧分别定义不同的属性。如：位移、缩放、旋转、扭曲变形或淡入淡出，而颜色变化只适用于实例，文字必须转换成符号后才能用此效果。并在两个关键帧之间建立一种运动变化关系，即运动渐变动画关系。

动画创建的不同过程：一种是先创建好两个关键帧的状态，然后在关键帧之间建立运动渐变关系；先创建好起点关键帧，然后给此帧赋予运动渐变模式，再去创建终点帧，两帧之间就创建立了运动渐变关系。

运动属性设定：在两关键帧之间的帧上右击，在弹出的快捷菜单中选择动作运动渐变属性，或在起点帧上右击，在弹出的快捷菜单中选择动作运动渐变属性。

应用实例：制作一个旋转的风车，并伴随着风车外形的缩放和颜色的逐渐变化。

物体的外形渐变动画：外形渐变主要就是变形，与运动渐变一样，也可以是位置、尺寸和颜色的变化，但更主要是外形的变化。

动画创建过程：即给一个对象在两个关键帧分别定义不同的属性。如：位移、缩放、扭曲变形或淡入淡出，外形渐变的对象是分离的可编辑图形，可是同一层上的单一图形或多个图形，但放在不同图层效果会强一些。注：实例、文本块或位图想要进行外形渐变，则必须先选择分离 break apart 命令，使之变成分离的图形，然后才能进行外形渐变，并在两个关键帧之间建立一种变化关系，即外形渐变动画关系。

动画创建的不同过程：一种是先创建好两个关键帧的状态，然后在关键帧之间建立外形渐变关系；先创建好起点关键帧，然后给此帧赋予外形渐变模式，再去创建终点帧，两帧之间就创建立了外形渐变关系。

外形渐变属性设定：在两关键帧之间的帧上右击，在弹出的快捷菜单中选择外形渐变属性，或在起点帧上右击，在弹出的快捷菜单中选择外形渐变属性。

应用实例：制作外形分散过渡的文字，并伴随着文字外形的缩放和颜色的逐渐变化。

基本动画包含逐帧动画、补间动画等。接下来两章节里将进行详细讲解，如图 7-0-1 所示。

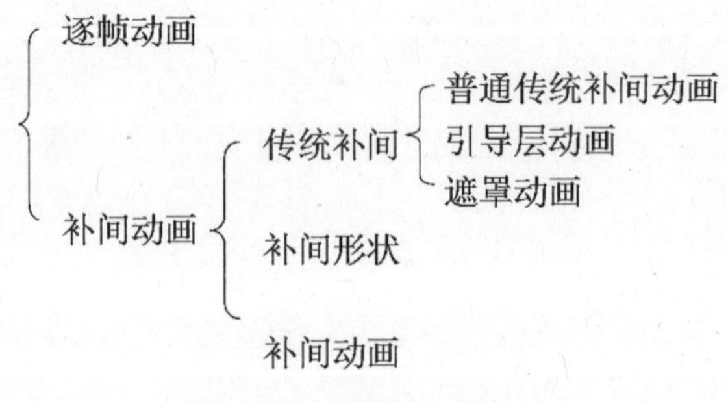

图 7-0-1 基本动画的组成

逐帧动画：在时间帧上逐帧绘制帧内容称为逐帧动画，由于是一帧一帧的画，这些内容是一张张不动的画面，但画面之间又逐渐发生变化，当动画在播放时，这一帧一帧的画面连续播放就会获得动画效果。所以逐帧动画具有非常大的灵活性，几乎可以表现任何想表现的内容。是一种与传统动画创作技法相类似的动画形式，是 Flash 中一种重要的动画制作模式。

创建逐帧动画的几种方法：

（1）用导入的静态图片建立逐帧动画；

（2）用 jpg、png 等格式的静态图片连续导入 Flash 中，就会建立一段逐帧动画；

（3）绘制矢量逐帧动画；

（4）用鼠标或压感笔在场景中一帧帧的画出帧内容；

（5）文字逐帧动画；

（6）用文字作帧中的元件，实现文字跳跃、旋转等特效；

（7）导入序列图像。

动画预设：Flash CS5 支持动画预设功能，这可以把一些做好的补间动画保存为模板，并将它应用到其他对象上。在 Flash CS5 中元件和文本对象可以应用动画预设。在 Flash CS5 中已为我们保存了一些补间动画，我们可以直接将这些补间动画应用到自己的对象上。点击“窗口”→“动画预设”，这样就打开了动画预设面板。我们还可以直接将动画进行复制、粘贴操作。

时间轴和帧：在 Flash 中，时间轴用于组织和控制在一定时间内在图层和帧中的内容。动画效果的好坏，决定于时间轴上帧的效果。

在 Flash 中，合成动画的场所称为时间轴，时间轴上的每一个影格称为帧，帧是最小的时间单位。

时间轴面板：在时间轴面板的左侧列出了文档中的图层，图层就像堆叠在一起的多张幻灯片胶片，每个图层都有自己的时间轴，其位于图层名的右侧，包含了该图层动画的所有帧。在面板的时间轴顶部显示帧的编号，播放头指示出当前舞台中显示的帧。在舞台上测试动画时，播放头从左向右扫过时间轴，动画也将随之播放，如图 7-0-2 所示。

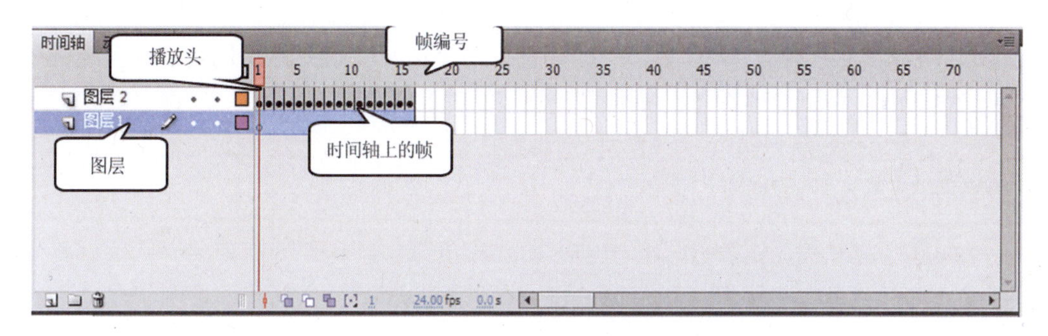

图 7—0—2　时间轴面板

洋葱皮功能：在制作动画时，当前帧中图像的绘制往往需要参考前后帧中的图像，这样才能获得逼真且流畅的动画效果。在制作动画时，使用洋葱皮功能，在编辑当前帧的图像时，可以同时显示其他帧中的内容，如图 7–0–3 所示。

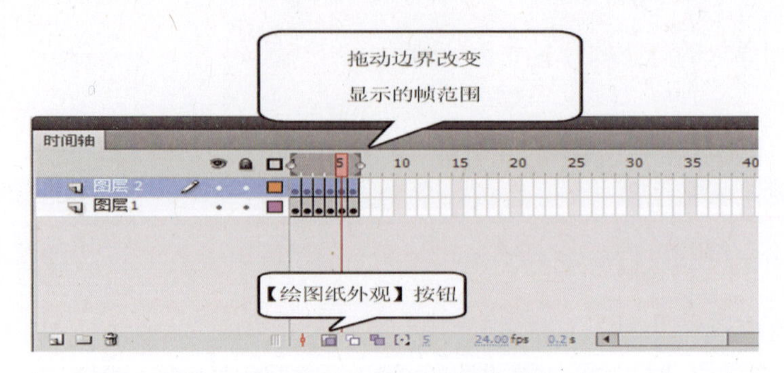

图 7—0—3　使用洋葱皮功能

选择帧：在时间轴面板中，用户可以根据需要选择帧。帧被选择后，在时间轴上该帧将会显示为灰色，同时该帧中所有的对象将被选择。在时间轴上单击需要选择的帧，则该帧将被选中，如图 7–0–4 所示。

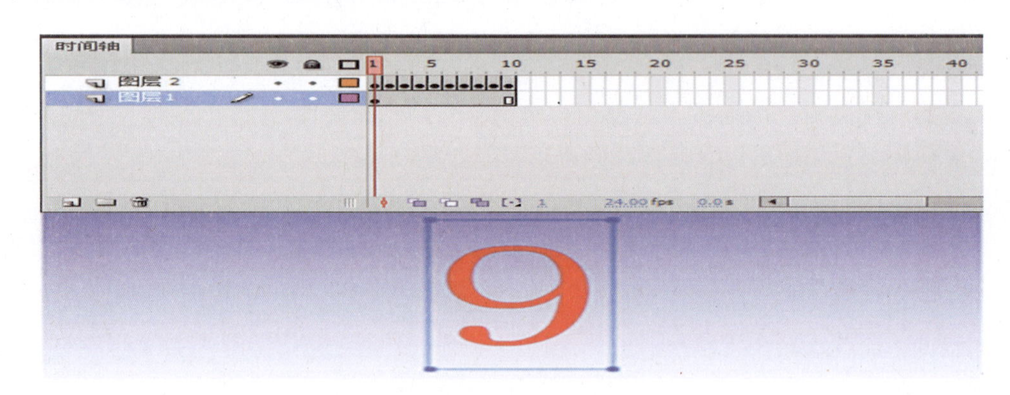

图 7—0—4　选择帧

选择连续的多个帧：在时间轴上单击选择一个帧，在时间轴另一个帧上按住 Shift 键单击，则这 2 帧之间的所有帧被选择。选择非连续的多个帧：在时间轴上按住 Ctrl 键依次单击需要选择的帧，则这些帧将被同时选择。

插入帧：在制作动画时，在某一时刻需要定义对象的某个状态，这个时刻所对应的帧就是关键帧。实际上，关键帧就是用于定义动画变化或包含脚本动作的帧。Flash 可以通过在两个关键帧之间补间或填充帧来产生动画，关键帧包括关键帧、空白关键帧和属性关键帧这 3 种类型。插入关键帧是 F6 键，插入空白关键帧是 F7 键，插入帧是 F5 键。

删除和清除帧：鼠标右击时间轴上的一个关键帧，选择关联菜单中的清除帧命令，此时该关键帧中的内容将被清除，关键帧变为空白关键帧，如图 7–0–5 所示。

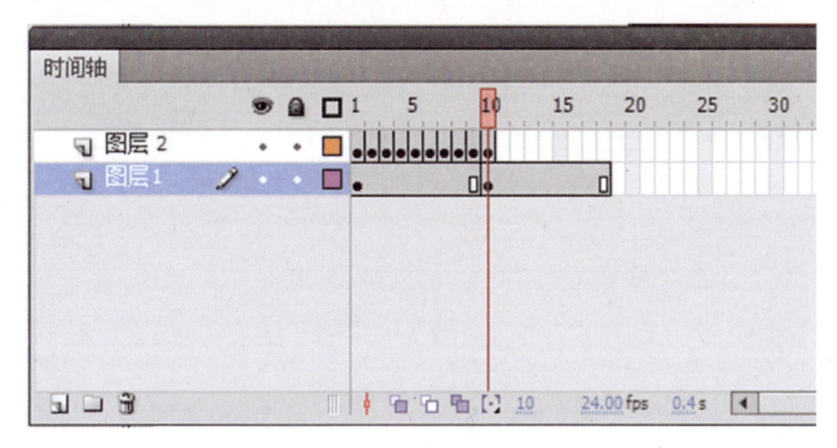

图 7-0-5　清楚帧

鼠标右击时间轴上的一个关键帧，选择关联菜单中的删除帧命令，则该关键帧将被删除。在时间轴上鼠标右击一个关键帧，选择关联菜单中的清除关键帧命令，则关键帧将被清除。

设置帧频：帧频是动画播放的速度，以每秒播放的帧数（即 FPS）为单位。在动画播放时，帧频将影响动画播放的效果，如果帧频太小动画播放将会不连贯，而帧频大则会使动画画面的细节模糊。在默认情况下，Flash 动画播放的帧频是 24 FPS，这个帧频能为 Web 播放提供最佳效果，如图 7-0-6 所示。

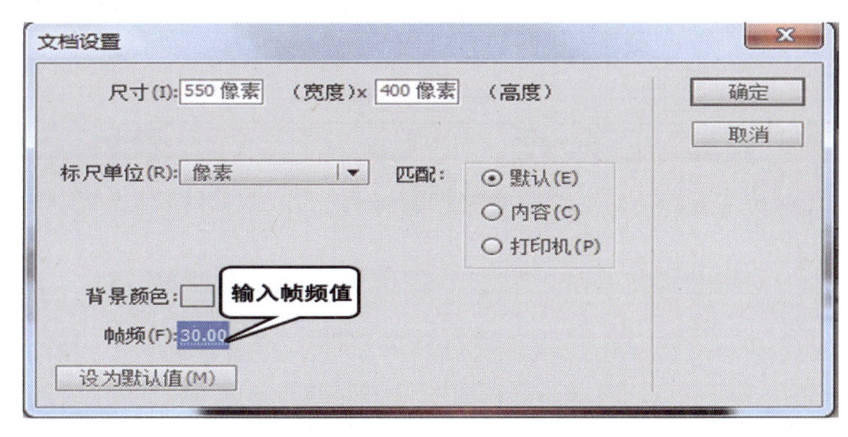

图 7-0-6　设置帧频

图层概述：图层就像一层透明的白纸，当一层一层叠加上去之后，透过上一层的空白部分可以看见下一层的内容，而上一层中的内容将能够遮盖下一层上的内容。通过更改图层的叠放顺序，可以改变在舞台上最终看见的内容。同时，对图层上对象的修改，不会影响到其他图层中的对象。因此，在制作动画时，图层用于组织文档中的不同元素。

（1）图层操作：新建图层、新建文件夹并移动图层、重新命名图层方法。如图 7-0-7 ~ 图 7-0-9 所示。

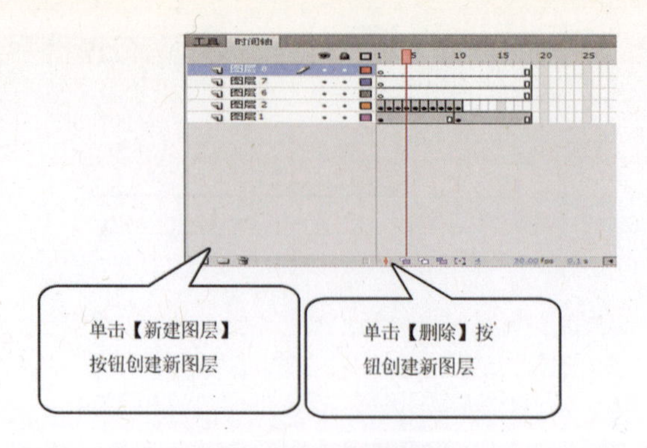

图 7—0—7 新建图层

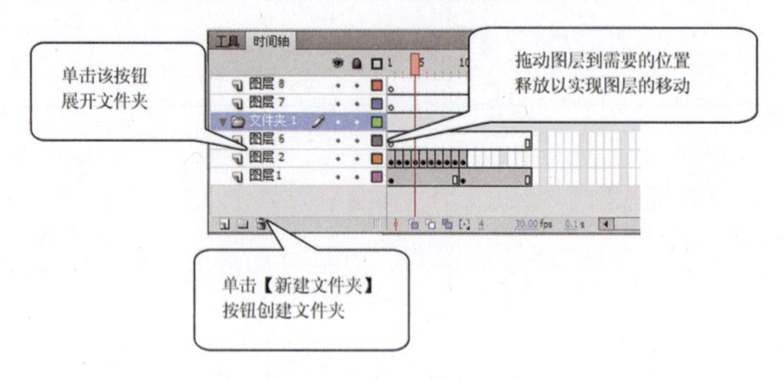

图 7—0—8 新建文件夹、移动图层

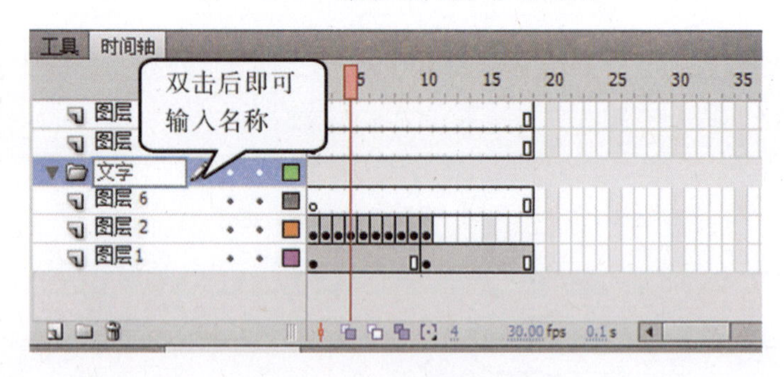

图 7—0—9 重命名图层

（2）修改图层状态：隐藏图层、锁定图层、对象显示为轮廓方法，如图 7-0-10 ~图 7-0-12 所示。

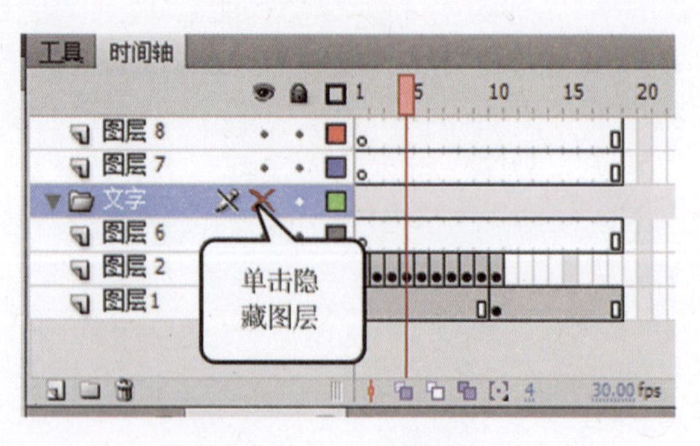

图 7—0—10 隐藏图层

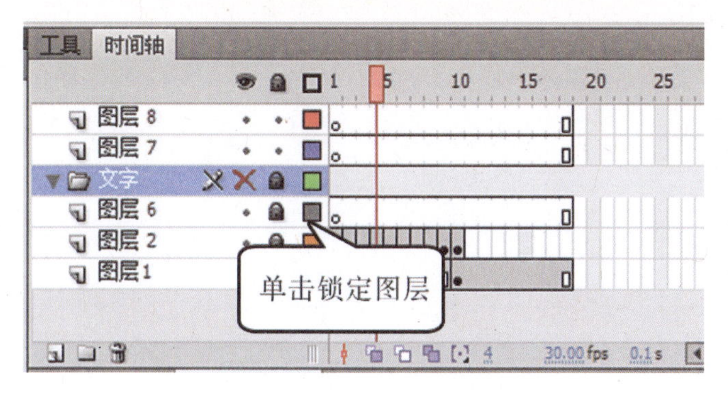

图 7–0–11　锁定图层

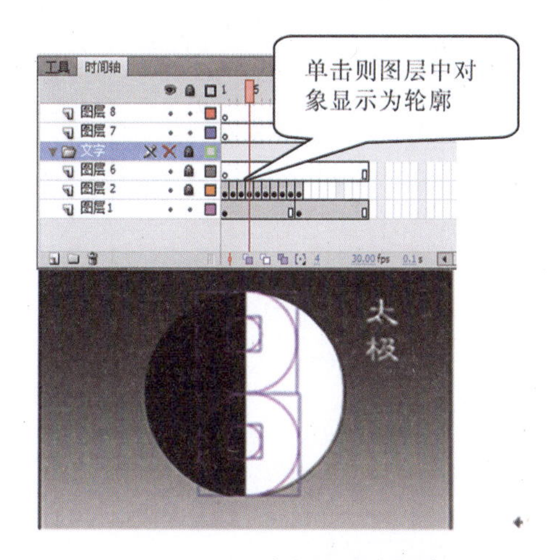

图 7–0–12　对象显示为轮廓

实例——幻彩效果

本节利用时间轴特效、滤镜和混合模式制作一个综合应用范例。在有着百页窗格的若隐若现的背景图片上，湖蓝色画框玲珑剔透宛如水晶雕成，画框内图片五光十色，变幻不定。效果如图 7–0–13 所示。这个范例的制作主要应用复制到网格、时间轴特效、斜角与发光滤镜和混合模式颜色调节等知识。

图 7–0–13　最终效果

操作步骤：

（1）导入图片并制作元件：新建一个 Flash 影片文档。保持文档属性的默认设置。

（2）执行“文件”→“导入”→“导入到库”命令，将外部的图像文件（可以任选自己电脑上的图片）导入到库面板中，如图 7-0-14 所示。

图 7-0-14 库面板

（3）新建一个名称为“图片”的影片剪辑元件。在这个元件的编辑场景中，将刚刚导入的图片拖放到舞台上。使用任意变形工具将它缩小压扁成接近正方形，下面作背景的图片需要像素大一点的，如果将小图片放大就会出现“马塞克”现象，如图 7-0-15 所示。

图 7-0-15 变形图片

（4）新建一个名称为“边框”的影片剪辑元件。在这个元件的编辑场景中，使用矩形工具画一个任意填充色的无边框矩形，这个矩形的大小和图片元件相同，如图 7–0–16 所示。

图 7–0–16　边框元件

（5）用复制到网格、时间轴特效制作百页窗元件。

（6）新建一个名称为百叶窗的影片剪辑元件。在这个元件的编辑场景中，使用矩形工具画一个任意填充色的无边框矩形。在属性面板中设置其宽为 560 像素，高为 3 像素，如图 7–0–17 所示。

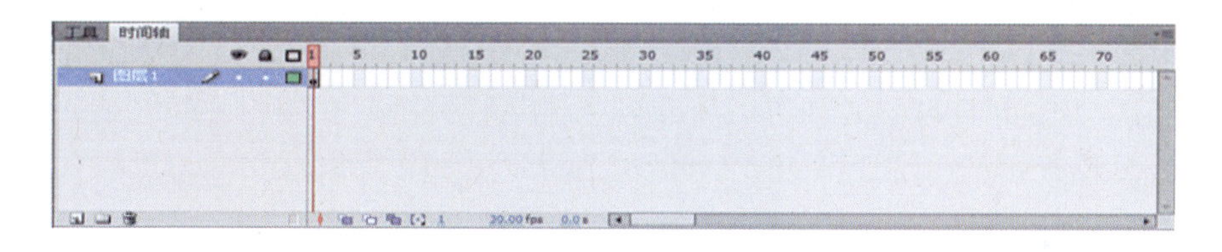

图 7–0–17　绘制 560 × 3 像素的矩形

（7）执行“插入”→“时间轴特效”→“帮助复制到网格”命令，弹出复制到网格对话框，设置网格尺寸行数为 85，列数为 1，网格间距行数为 3 像素，列数任意，因为只有 2 列，如图 7–0–18 所示。

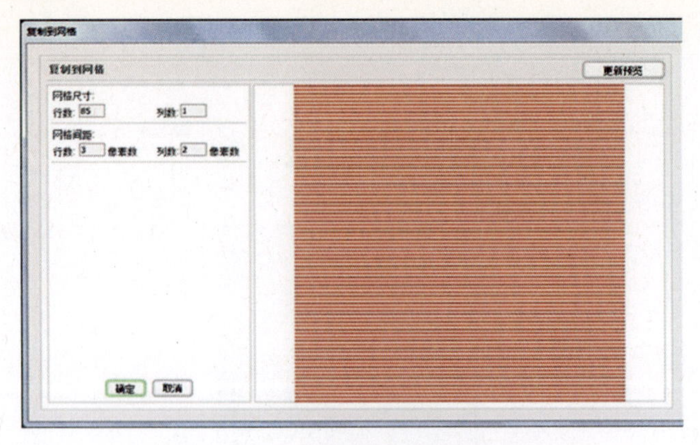

图 7—0—18　复制到网格对话框

（8）单击确定按钮，矩形会立刻以间距为 3 像素的距离整整齐齐的复制出 85 个。如果觉得复制的数目和间距需要修改，可以单击属性面板中的编辑按钮，重新弹出复制到网格对话框，调整数字后单击对话框右上角的更新预览，直到满意为止。

（9）用混合模式制作图片颜色变化效果：回到场景 1 中。将图层 1 改名为长图片，将图片元件拖放到舞台上。使用任意变形工具将其放大到基本与原图相同。打开属性面板，在颜色下拉列表中选择 Alpha，修改其值为 75%。

（10）锁定该长图片图层。插入一个新图层，改名为“百页窗”。将百页窗元件拖放到舞台上，使用任意变形工具调整大小，使其覆盖住整个舞台。如果这时将长图片图层隐藏了，可以更方便观察。

（11）打开属性面板，在混合下拉列表中选择叠加。在颜色下拉列表中选择色调，选择浅蓝色，色彩数量设为 90%，如图 7–0–19 所示。

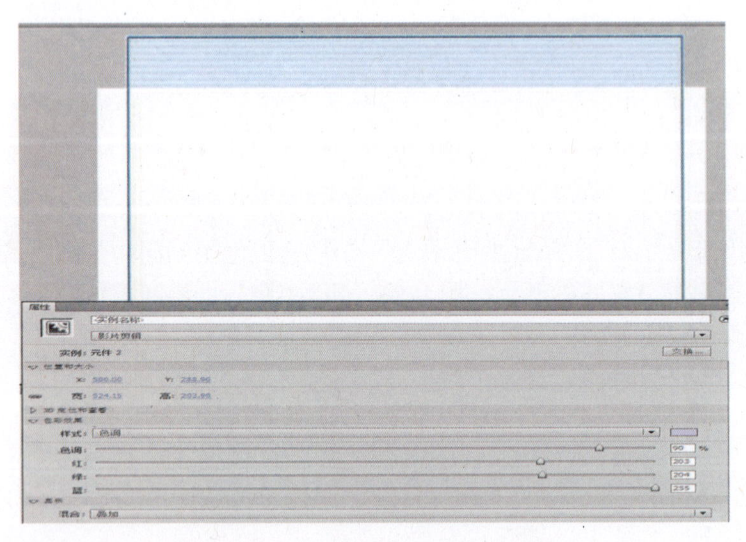

图 7—0—19　设置混合模式和色调

（12）新建一个图层，改名为“底图”。将图片元件放到舞台中间，不作任何设置。

（13）新建一个图层，改名为“方图片”。将图片元件放到舞台中间，与底图层中图片元件位置相同。打开属性面板，在混合下拉列表中选择色彩增殖。在颜色下拉列表中选择色调，色彩数量设为 52%。单击色调旁边的填充色按钮，打开调色板，同时光标变成吸管状。在调色板上移动鼠标，会发现鼠标移动到不同颜色图片也会随之而变化，如图 7–0–20 所示。

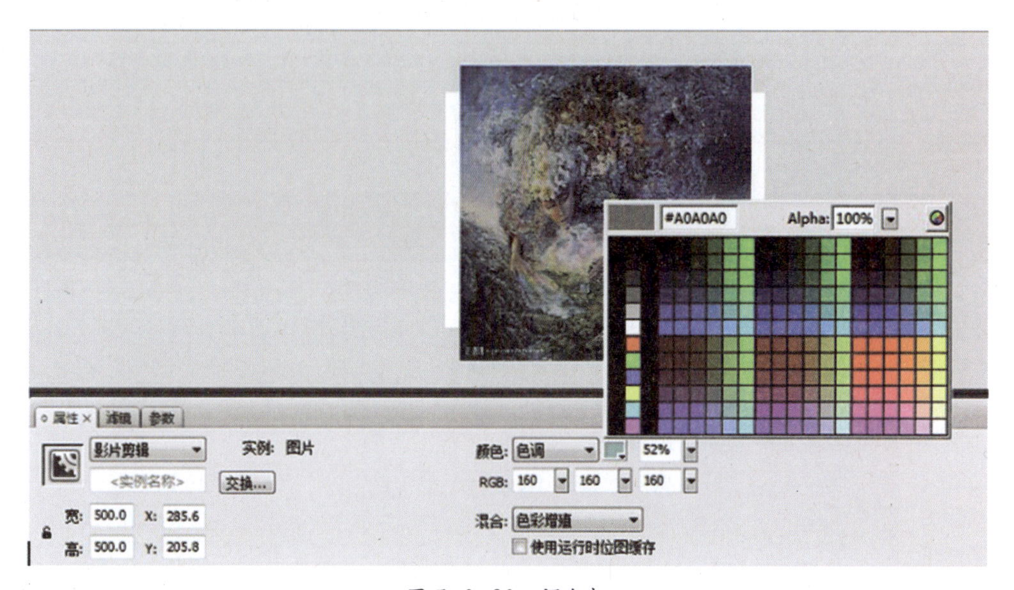

图 7–0–20　调色板

在第 2 帧到第 10 帧每一帧都插入一个关键帧，为每一帧选择不同的颜色。同时在其他各层的第 10 帧处都插入帧。

（14）用滤镜制作边框：新建一个图层，改名为“边框”。将边框元件拖放到舞台上，位置与下层图片相同，如图 7–0–21 所示。

图 7–0–21　边框设置

（15）测试效果完成最终如图 7-0-22 所示。

图 7-0-22　最终效果

第 8 章　补间动画

8.1　补间动画和传统补间动画

Flash CS5 支持两种类型的补间来创建动画，一种是补间动画，一种是传统补间。这两种类型的补间各具特点，下面分别对它们进行介绍。

（1）补间动画：是 Flash CS5 中的一种动画类型，其是从 Flash CS4 开始引入的。相对于以前版本中的补间动画，这种补间动画类型具有功能强大且操作简单的特点，用户可以对动画中的补间进行最大程度的控制。

Flash CS5 中的补间动画模型是基于对象的，其将动画中的补间直接应用到对象，而不是像传统补间动画那样应用到关键帧，Flash 能够自动纪录运动路径并生成有关的属性关键帧。

补间动画只能应用于影片剪辑元件，如果所选择的对象不是影片剪辑元件，则 Flash 会给出提示对话框，提示将其转换为元件。只有转换为元件后，该对象才能创建补间动画。

（2）传统的补间动画：Flash CS4 之前的各个版本创建的补间动画都称为传统补间动画，在 Flash CS5 中，同样可以创建传统的补间动画，如图 8-1-1 所示。

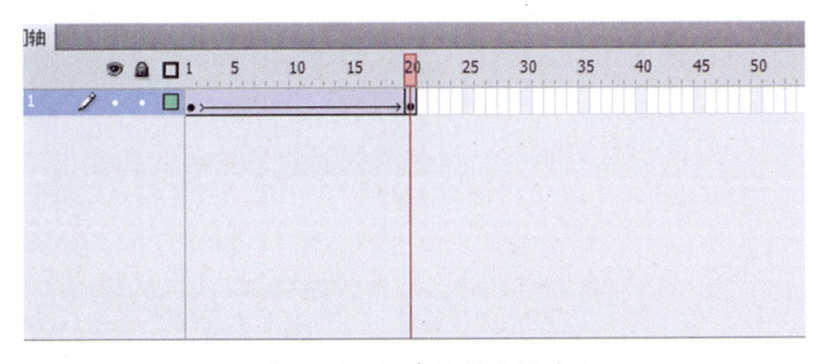

图 8—1—1　创建传统补间动画

（3）补间动画和传统补间之间的差异：

a. 传统补间使用关键帧。关键帧是其中显示对象的新实例的帧。补间动画只能具有一个与之关联的对象实例，并使用属性关键帧而不是关键帧。

b. 补间动画在整个补间范围上由一个目标对象组成。

c. 补间动画和传统补间都只允许对特定类型的对象进行补间。若应用补间动画，则在创建补间时会将所有不允许的对象类型转换为影片剪辑。而应用传统补间会将这些对象类型转换为图形元件。

d. 补间动画会将文本视为可补间的类型，而不会将文本对象转换为影片剪辑。传统补间会将文本对象转换为图形元件。

e. 在补间动画范围上不允许帧脚本。而传统补间允许帧脚本。

f. 补间目标上的任何对象脚本都无法在补间动画范围的过程中更改。

g. 可以在时间轴中对补间动画范围进行拉伸和调整大小，并将它们视为单个对象。传统补间包括时间轴中可分别选择的帧的组。

h. 若要在补间动画范围中选择单个帧，必须按住 Ctrl 单击帧。

i. 对于传统补间，缓动可应用于补间内关键帧之间的帧组。对于补间动画，缓动可应用于补间动画范围的整个长度。若要仅对补间动画的特定帧应用缓动，则需要创建自定义缓动曲线。

j. 利用传统补间，可以在两种不同的色彩效果（如色调和 Alpha 透明度）之间创建动画，补间动画可以对每个补间应用一种色彩效果。

k. 只可以使用补间动画来为 3D 对象创建动画效果。无法使用传统补间为 3D 对象创建动画效果。

l. 只有补间动画才能保存为动画预设。

m. 对于补间动画，无法交换元件或设置属性关键帧中显示的图形元件的帧数。应用了这些技术的动画要求使用传统补间。

（4）运动补间动画：在 Flash 中，运动补间动画用于完成群组、文本框或各种元件实例的渐变动画效果的创建。这里的渐变动画效果是指对象的大小、倾斜、位置、旋转、颜色以及透明度、颜色和滤镜效果等属性的变化动画效果，如图 8-1-2~ 图 8-1-7 所示。

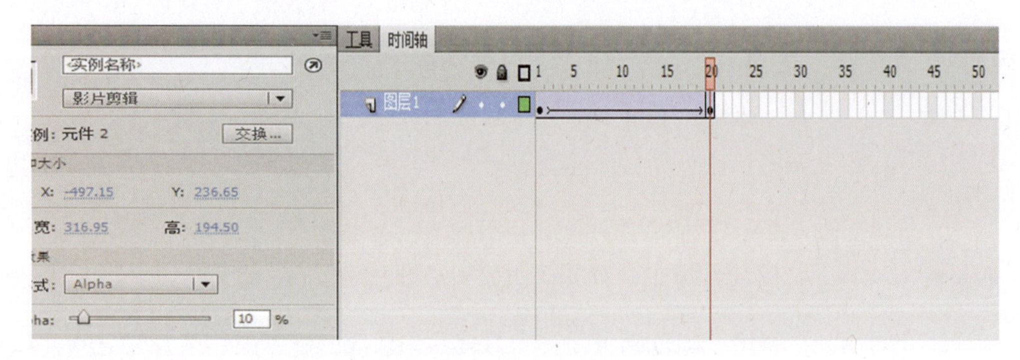

图 8-1-2 设置动画结束帧中影片剪辑的 Alpha 值

图 8—1—3　对象逐渐透明的动画效果

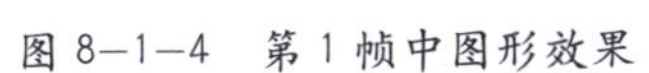

图 8—1—4　第 1 帧中图形效果

图 8—1—5　最后 1 帧中图形效果

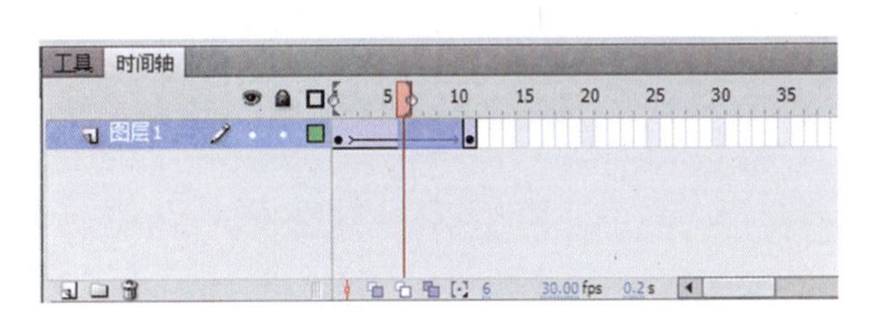

图 8—1—6　在时间轴面板中设置动作补间动画

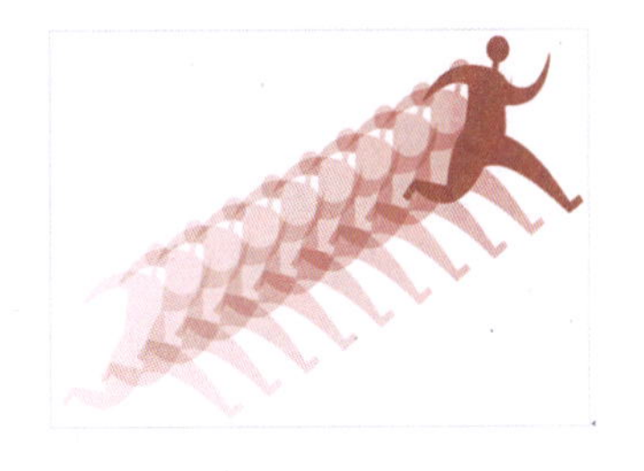

图 8—1—7　每帧中的图形变化效果

（5）形状补间动画的概念：补间形状动画是形状之间的切换动画，是从一个形状逐渐过渡到另一个形状。Flash 在补间形状的时候，补间的内容是依靠关键帧上的形状进行计算所得。形状补间与补间动画是有所区别的，形状补间是矢量图形间的补间动画，这种补间动画改变了图形本身的属性。而补间动画并不改变图形本身的属性，其改变的是图形的外部属性，如位置、颜色和大小等。

①构成形状补间动画的元素：形状补间动画可以实现两个图形之间颜色、形状、大小、位置的相互变化，其变形的灵活性介于逐帧动画和动作补间动画二者之间，使用的元素多为用鼠标或压感笔绘制出的形状，如果使用图形元件、按钮、文字，则必先打散再变形。

②形状补间动画在时间帧面板上的表现：形状补间动画建好后，时间帧面板的背景色变为淡绿色，在起始帧和结束帧之间有一个长长的箭头。

注意：补间形状的对象必须是非成组和非元件的矢量图形。如果希望对元件或成组对象创建形状补间，必须使用分离命令将它们分离打散，如图 8-1-8 所示。

（6）创建形状补间动画的方法：在时间轴面板上动画开始播放的地方创建或选择一个关键帧并设置要开始变形的形状，一般一帧中以一个对象为好，在动画结束处创建或选择一个关键帧并设置要变成的形状，再单击开始帧，在属性面板上单击补间旁边的小三角，在弹出的菜单中选择

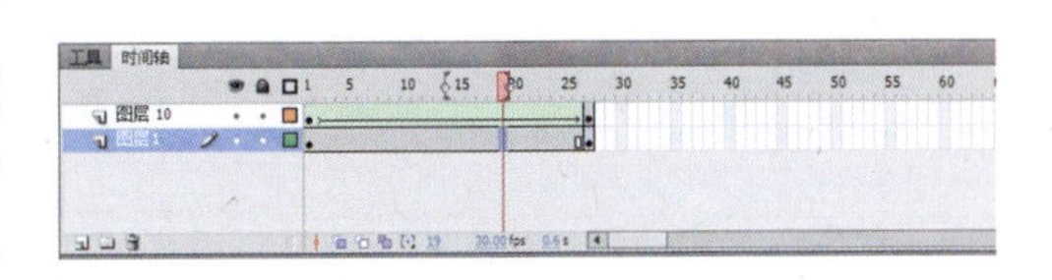

图 8—1—8　创建形状补间动画

形状，一个形状补间动画就创建完毕。

（7）测试动画：在制作完成动画后，要对其进行测试。可以通过多种方法来测试动画。

应用控制器面板：选择“窗口”→“工具栏”→“控制器”命令，弹出控制器面板。

应用播放命令：选择“控制”→“播放”命令，或按 Enter 键，可以对当前舞台中的动画进行浏览。在时间轴面板中，可以看见播放头在运动，随着播放头的运动，舞台中显示出播放头所经过的帧上的内容。

应用测试影片命令：选择“控制”→“测试影片”命令，或按 Ctrl+Enter 组合键，可以进入动画测试窗口，对动画作品的多个场景进行连续的测试。

应用测试场景命令：选择“控制”→“测试场景”命令，或按 Ctrl+Alt+Enter 组合键，可以进入动画测试窗口，测试当前舞台窗口中显示的场景或元件中的动画。

（8）影片浏览器面板的功能：影片浏览器面板，可以将 Flash CS5 文件组成树型关系图。方便用户进行动画分析、管理或修改。在其中可以查看每一个元件，熟悉帧与帧之间的关系，查看动作脚本等，也可快速查找需要的对象。

选择“窗口”→“影片浏览器”命令，弹出影片浏览器面板，如图 8-1-9 所示。

图 8-1-9 影片浏览器面板

本节练习案例——行走的小狗

提示操作步骤：

（1）导入背景图片和所有的素材图片。创建一个名为“狗”的影片剪辑，在图层中添加 5 个空白关键帧，将狗行走不同姿势的素材图片分别放置到这 5 个图层中。选择这 5 个关键帧后，复制这些帧。此时测试动画可以看到狗行走的效果。

（2）在狗所在图层下再添加一个图层，在该图层中绘制一个椭圆，将其放到狗脚下。将该图形转换为影片剪辑，为其添加模糊滤镜并适当减小其 Alpha 值。使该椭圆延伸到所有的帧。椭圆在这里作为狗身下的阴影。

（3）回到场景 1，首先将背景图片添加到舞台上，然后在一个新图层中放置狗影片剪辑，将该影片剪辑放置回到左侧舞台的外部。创建补间动画，在动画最后一帧将狗影片剪辑放置到舞台右侧的外部。测试动画即可看到狗从左侧向右侧走过整个舞台的动画效果，如图 8-1-10 所示。

图 8-1-10　最终练习效果图

实例 1——海底世界（见图 8-1-11）

图 8-1-11　最终效果图

制作步骤：

（1）创建影片文档：新建一个影片文档，舞台尺寸设置为 450*300 象素，背景色设置为深蓝色，如图 8-1-12、图 8-1-13 所示。

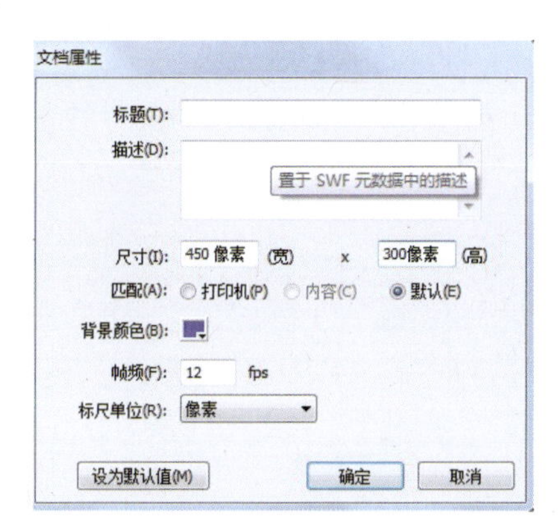

图 8-1-12　文档属性

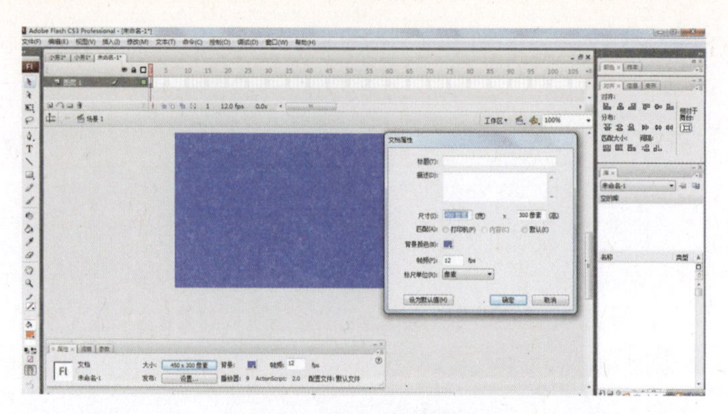

图 8-1-13 设置文档尺寸

创建元件：把它们分成水泡部分、海底部分、游鱼部分三个部分来制作。

（2）创建单个水泡元件：执行“插入”→“新建元件”命令，新建一个图形元件，名称为“单个水泡”。先在场景中画一个无边的圆，颜色任意，大小为30*30，再设置混色器面板的参数，四个调节手柄全为白色，Alpha 值从左向右依次为 100%、40%、10%、100%，用油漆筒工具 在画好的圆的中心偏左上的地方点一下，如对填充的颜色不满意，可以用填充变形工具 进行调整，如图 8-1-14、图 8-1-15 所示。

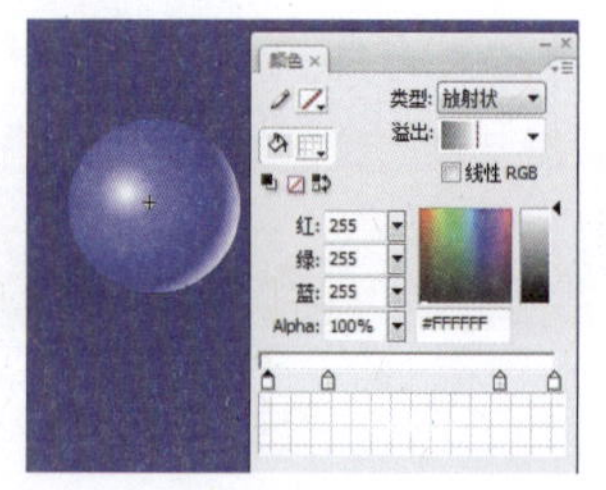

图 8-1-14 水泡（放大 400 倍） 图 8-1-15 填充位置及混色器面板参数

（3）创建一个水泡及引导线元件：执行“插入”→“新建元件”命令，新建影片剪辑，名称为“一个水泡及引导线”。点击添加引导层按钮添加一个引导层，在此层中用铅笔工具从场景的中心向上画一条曲线并在第 60 帧处加普通帧。在其下的被引导层的第一帧，拖入库中的名为单个水泡的元件，放在引导线的下端，在第 60 帧加关键帧，把单个水泡元件移到引导线的上端并设置 Alpha 值为 50%，如图 8-1-16 所示。

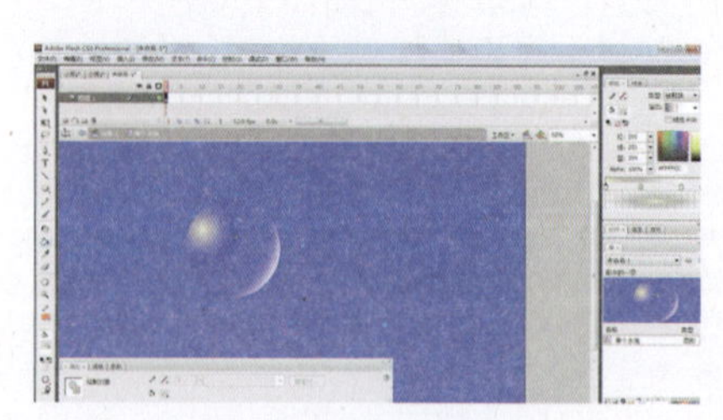

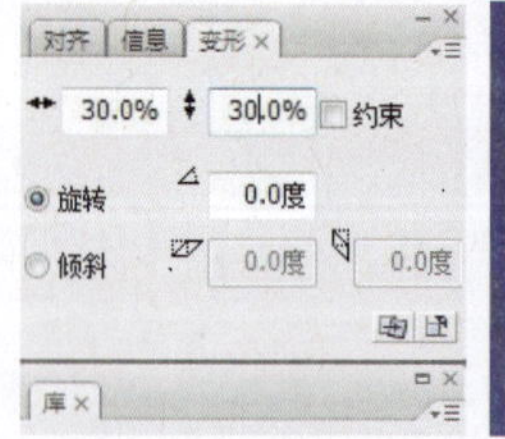

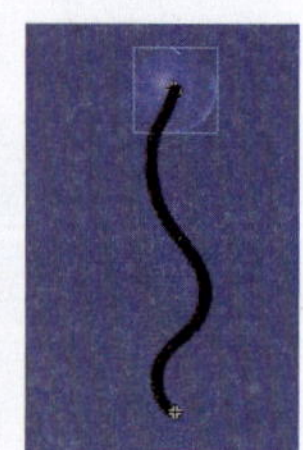

图 8-1-16 水泡及引导线

（4）创建成堆的水泡元件：执行“插入”→“新建元件”命令，新建一个影片剪辑，名称为成堆的水泡。从库里拖入数个一个水泡及引导线元件，任意改变大小位置，如图 8–1–17 所示。

（5）创建鱼及引导线元件：执行“插入”→“新建元件”命令，新建一个影片剪辑，名称为“鱼及引导线”。此元件只有引导层和被引导层两层，点击时间轴面板上的添加引导层图标，新建引导层，在引导层中用铅笔工具画一条曲线作鱼儿游动时的路径，在被引导层中执行“文件”→“导入到场景”命令，将本实例中的名为鱼的元件导入到场景中，在第 1 帧及第 100 帧中分别置于引导线的两端，在第 1 帧中建立补间运动动画，在属性面板上的路径调整、同步、对齐三项前均打勾，如图 8–1–18 所示。

图 8—1—17
成堆的水泡放大 200 倍

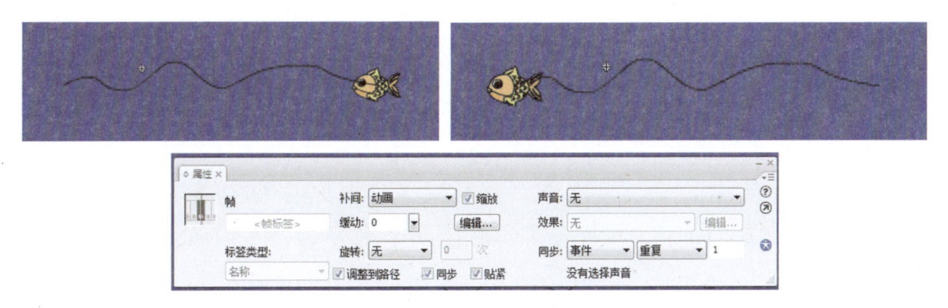

图 8—1—18　鱼及引导线

（6）创建海底元件：执行“插入”→“新建元件”命令，新建一个图形元件，名称为“海底”。选择第 1 帧，然后再执行“文件”→“导入到场景”命令，将本实例中的名为海底 .bmp 的图片导入到场景中，如图 8–1–19 所示。

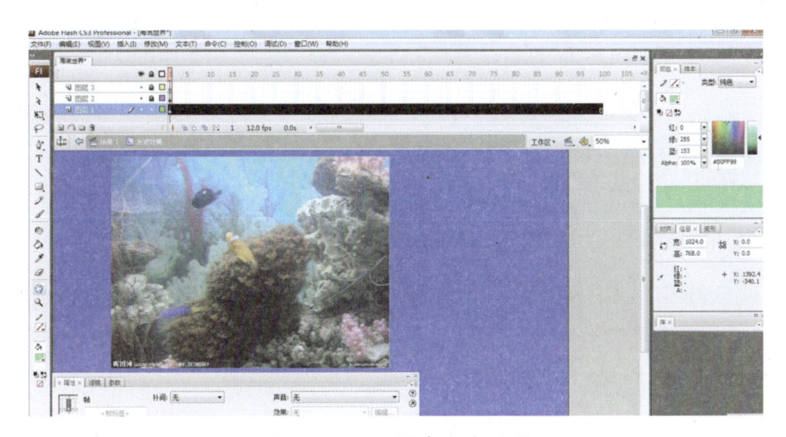

图 8—1—19　创建海底元件

（7）创建遮罩矩形元件：执行“插入”→“新建元件”命令，新建一个图形元件，名称为“遮罩矩形”。在场景中画一个 500*4 的无边矩形，因为遮罩层中的图形在播放时不会显示，所以颜色任意。复制并粘贴这个矩形，向下移一点位置，使其变成两个，再复制并粘贴这两个矩形，再向下移一点位置，使其变为四个，如此循环，直至创建出一个 500*540 的矩形，如图 8-1-20 所示。

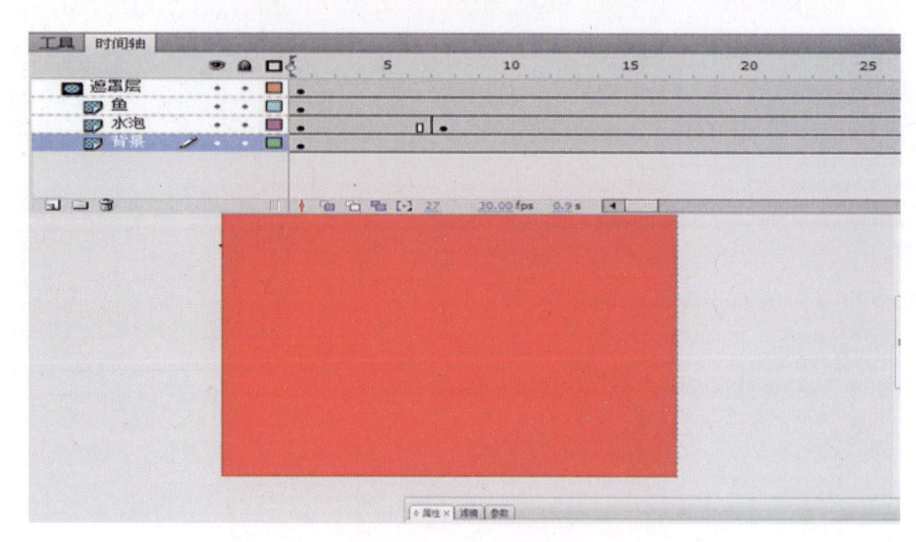

图 8-1-20 遮罩矩形

（8）创建水波效果元件：水波荡漾的效果是用遮罩动画的手法做的，看着挺复杂，实际制作却很简单，只用三层就完成了，里面有两个小技巧。执行“插入”→“新建元件”命令，新建一个影片剪辑，名称为“水波效果”，如图 8-1-21 所示。

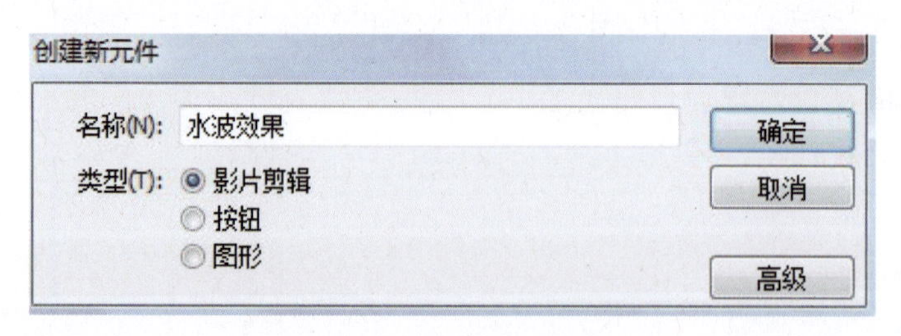

图 8-1-21 创建水波效果元件

（9）先把最下面图层作为当前编辑图层，从库里拖入名为“海底”的图形元件，在属性面板上设置元件的 X 值为 0，Y 值为 0，在时间帧上点一下右键，在弹出菜单中选择复制帧，在第 100 帧加普通帧。

（10）然后新建一个图层，在这层的第 1 帧上点一下右键，在弹出菜单中选择粘贴帧，就把刚才的元件粘到第二层里了，在属性面板上设置此元件的 X 值为 0，Y 值为 1，Alpha 值为 80%，在第 100 帧加普通帧。

注意：这里是一个技巧，第二层图片与第一层图片的位置差决定水波荡漾的大小！位置差越大，水波越大，其 Alpha 值的大小决定水波的清晰程度，Alpha 值越大，水波越清晰，反之越模糊。

如图 8-1-22 所示是第一层和第二层中两张图片在 X，Y 轴的位置的不同的对比。

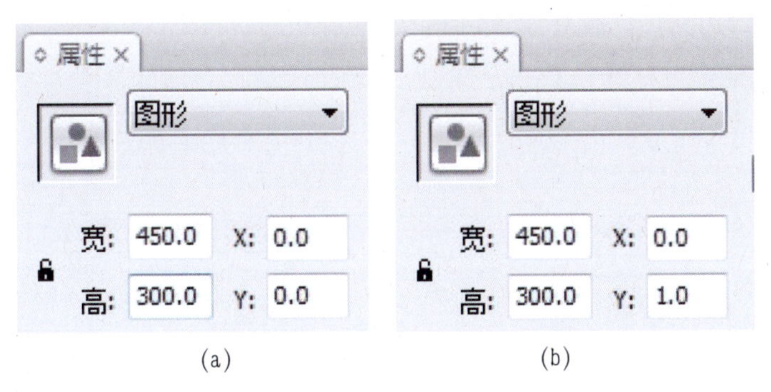

图 8-1-22　两张图片在 X,Y 轴位置不同的对比

要实现水波荡漾，光有两层图片是不行的，还要用遮罩动画实现光线的明暗变化才行，这样才能产生水的流动感。

（11）新建一层，在第 1 帧上拖入库中名为遮罩矩形的元件，注意下面的边缘对着海底图片的下边缘。在第 100 帧上加关键帧，拖动遮罩矩形，使其上边缘对着海底图片的上边缘，在第 1 帧创建补间动作动画，如图 8-1-23 所示。

图 8-1-23　遮罩层中矩形元件的位置

（12）创建动画：创建背景层，从库中把名为“水波效果”的元件拖到场景中，在第 134 帧加普通帧，该层命名为背景。

（13）创建水泡层：新建名为水泡的图层，在第 1 帧、第 30 帧从库里把名为

“成堆的水泡”的元件拖到场景中来，数目、大小、位置任意，在第 134 帧加普通帧。

（14）创建游鱼层：新建名为“鱼”的图层，从库里把名为“鱼及引导线”的元件拖放到场景的左侧，数目、大小、位置任意，在第 134 帧加普通帧，如图 8-1-24 所示。

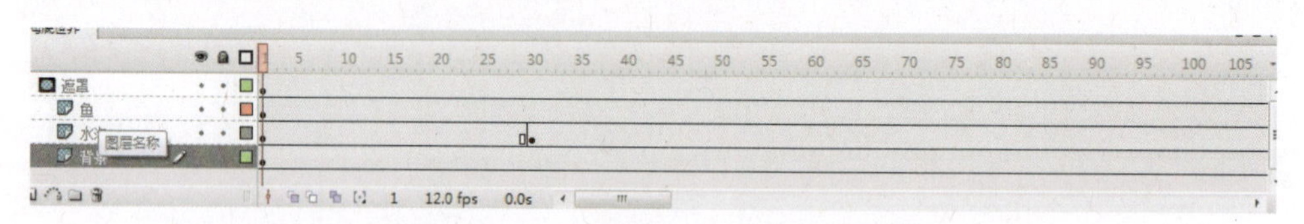

图 8-1-24 图片、鱼、水泡的位置

（15）测试最终效果如图 8-1-25 所示。

图 8-1-25 最终效果

实例 2——情人节贺卡

操作步骤：

（1）备花和花瓣的素材。这里有个简单的操作方法，可以准备一枝真的鲜花，一瓣一瓣掰开来临摹，并生成符号，对于绘画基础不是很好的读者，这样操作会更加真实一些，如图 8-1-26 所示。

图 8-1-26 临摹鲜花

（2）画好的花瓣在组合的时候一定要注意层次，里面的花瓣在时间轴的下层，外面的花瓣在上层，如图 8-1-27 所示。

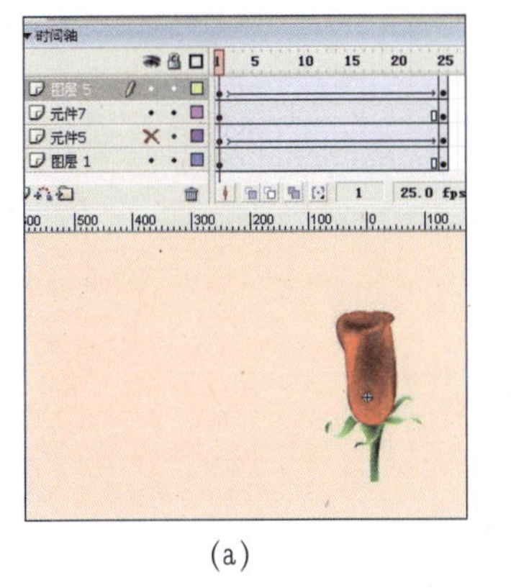

(a)

(b)

(c)

图 8-1-27　组合花瓣

（3）组合好的花在各层的 40 帧建关键帧，分别用变形工具向外拉开，这里需要精确的比例和形状调整，需要注意的是要在始末两帧都将变形工具选取后的花瓣的心点调到正确位置，如图 8-1-28 所示。

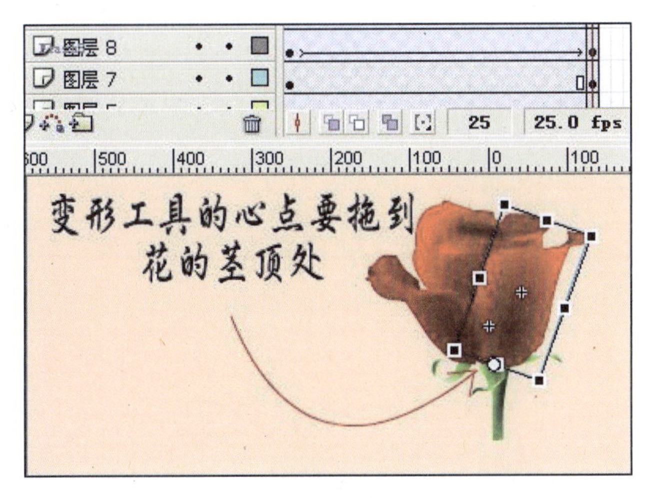

图 8-1-28　花瓣心点调到正确位置

（4）最后在时间轴上做补间，再配点小花絮，这样送人就更有情调了。

本章小结

本章介绍了 Flash 中的运动渐变动画的制作方法，其中详细介绍了补间动画与传统补间动画的创建方法及它们之间的区别。这一章是 Flash 课程中非常重要的一章，在学习过程只有多思考、多总结才能制作出精彩的动画效果。

第 9 章　骨骼动画

Flash 中掌握使用骨骼工具建立动画的方法，了解分离图形骨骼动画和元件实例骨骼动画的不同，了解动画预设的管理，能使用动画预设创建动画。

※ 学习目标

理解骨骼动画原理、理解蒙皮动画原理以及掌握蒙皮。

※ 课程重点

正向运动学、反向运动学、约束控制连接点等。

骨骼动画简介：在动画设计软件中，运动学系统分为正向运动学和反向运动学两种。正向运动学指的是对于有层级关系的对象来说，父对象的动作将影响到子对象，而子对象的动作将不会对父对象造成任何影响。如，当对父对象进行移动时，子对象也会同时随着移动。而子对象移动时，父对象不会产生移动。由此可见，正向运动中的动作是向下传递的。

与正向运动学不同，反向运动学动作传递是双向的，当父对象进行位移、旋转或缩放等动作时，其子对象会受到这些动作的影响，反之，子对象的动作也将影响到父对象。反向运动是通过一种连接各种物体的辅助工具来实现的运动，这种工具就是 IK 骨骼，也称为反向运动骨骼。使用 IK 骨骼制作的反向运动学动画，就是所谓的骨骼动画，如图 9-0-1 所示。

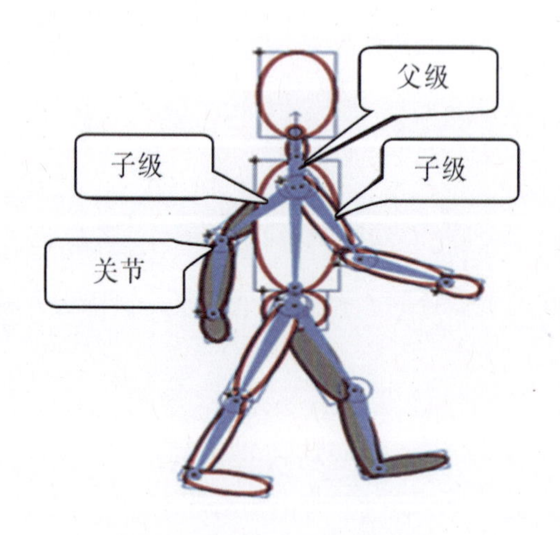

图 9—0—1　连接对象的骨架

在 Flash 中，创建骨骼动画一般有两种方式。一种方式是为实例添加与其他实例相连接的骨骼，使用关节连接这些骨骼。骨骼允许实例链一起运动。另一种方式是在形状对象（即各种矢量图形对象）的内部添加骨骼，通过骨骼来移动形状的各个部分以实现动画效果。这样操作的优势在于无需绘制运动中该形状的不同状态，也无需使用补间形状来创建动画。

9.1　创建骨骼动画

创建骨骼动画：Flash CS5 提供了一个骨骼工具，使用该工具可以向影片剪辑元件实例、图形元件实例或按钮元件实例添加 IK 骨骼。在工具箱中选择骨骼工具，在一个对象中单击，向另一个对象拖动鼠标，释放鼠标后就可以创建这 2 个对象间的连接。此时，两个元件实例间将显示出创建的骨骼。在创建骨骼时，第一个骨骼是父级骨骼，骨骼的头部为圆形端点，有一个圆圈围绕着头部。骨骼的尾部为尖形，有一个实心点，如图 9–1–1、图 9–1–2、图 9–1–3 所示。

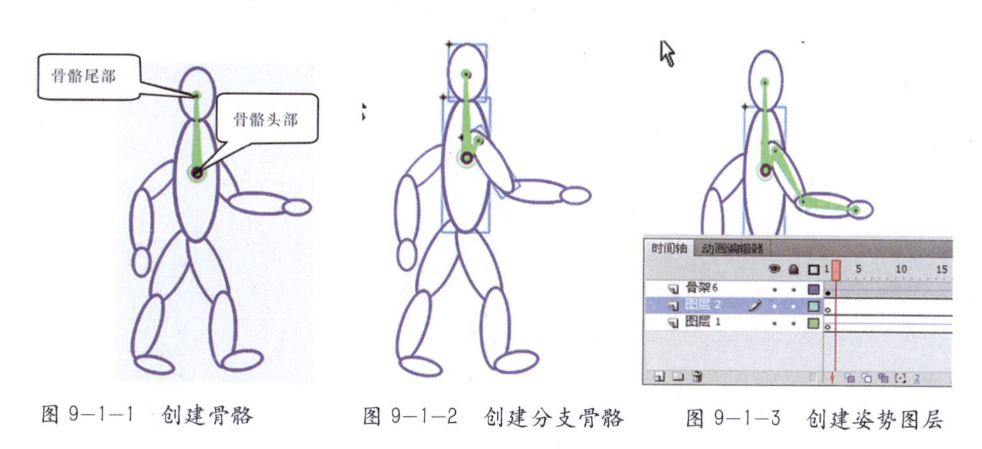

图 9–1–1　创建骨骼　　图 9–1–2　创建分支骨骼　　图 9–1–3　创建姿势图层

选择骨骼：在创建骨骼后，可以使用多种方法来对骨骼进行编辑。要对骨骼进行编辑，首先需要选择骨骼。在工具箱中选择选择工具，单击骨骼即可选择该骨骼，在默认情况下，骨骼显示的颜色与姿势图层的轮廓颜色相同，骨骼被选择后，将显示该颜色的相反色，如图 9–1–4 所示。

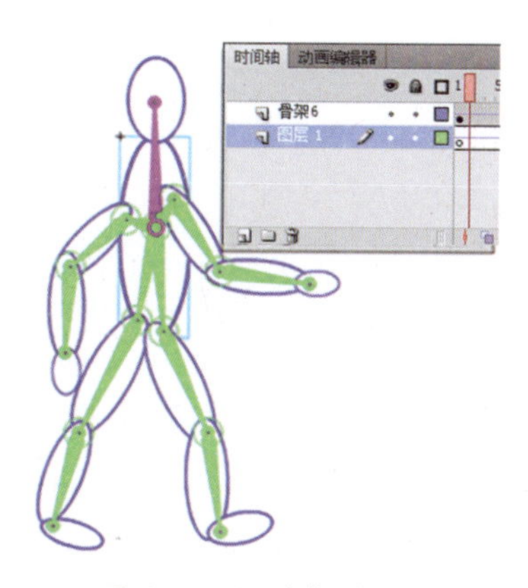

图 9–1–4　选择骨骼

快速选择骨骼：如果需要快速选择相邻的骨骼，可以在选择骨骼后，在属性面板中单击相应的按钮来进行选择。如单击父级按钮将选择当前骨骼的父级骨骼，单击子级按钮将选择当前骨骼的子级骨骼，单击下一个同级按钮或上一个同级按钮可以选择同级的骨骼，如图 9-1-5 所示。

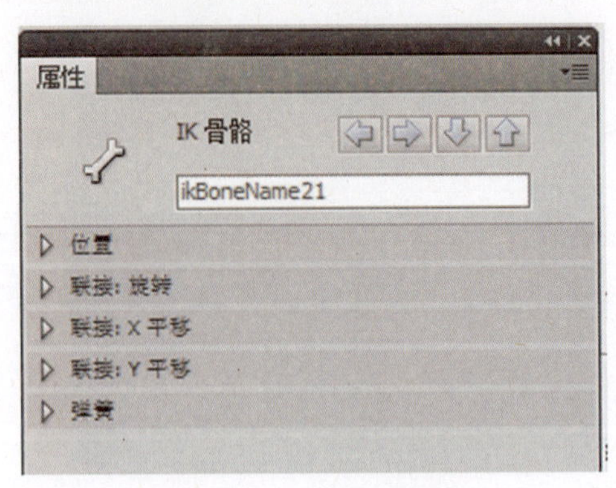

图 9—1—5　快速选择骨骼

删除骨骼：在创建骨骼后，如果需要删除单个的骨骼及其下属的子骨骼，只需要选择该骨骼后按 Delete 键即可。如果需要删除所有的骨骼，可以鼠标右击姿势图层，选择关联菜单中的删除骨骼命令。此时实例将恢复到添加骨骼之前的状态，如图 9-1-6 所示。

创建骨骼动画：在为对象添加了骨架后，即可以创建骨骼动画了。在制作骨骼动画时，可以在开始关键帧中制作对象的初始姿势，在后面的关键帧中制作对象不同的姿态，Flash 会根据反向运动学的原理计算出连接点间的位置和角度，创建从初始姿态到下一个姿态转变的动画效果。

在完成对象的初始姿势的制作后，在时间轴面板中鼠标右击动画需要延伸到的帧，选择关联菜单中的插入姿势命令。在该帧中选择骨骼，调整骨骼的位置或旋转角度。此时 Flash 将在该帧创建关键帧，按 Enter 键测试动画即可看到创建的骨骼动画效果了，如图 9-1-7 所示。

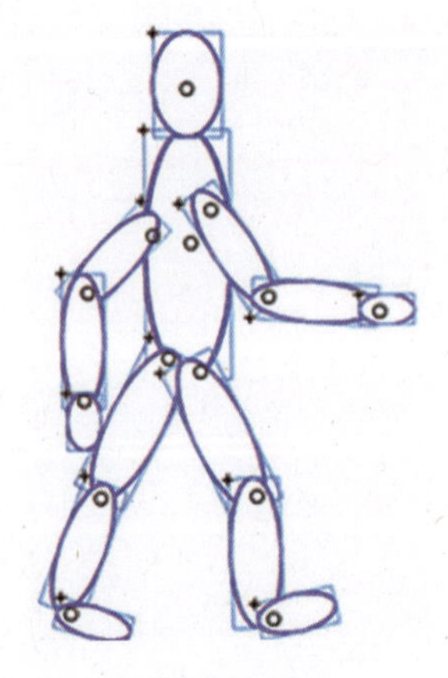

图 9—1—6　删除所有骨骼

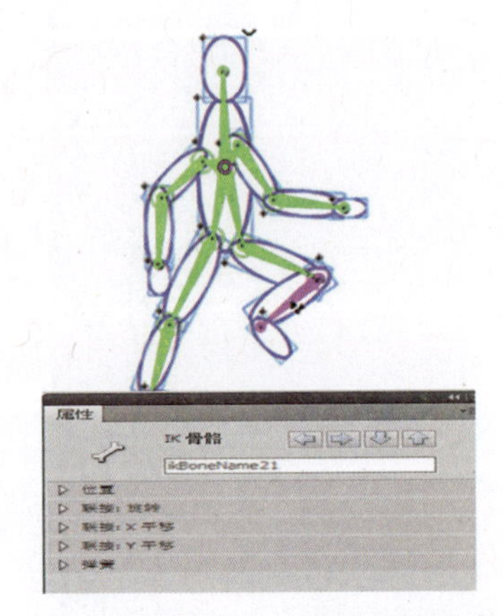

图 9—1—7　调整骨骼姿态

9.2 设置骨骼动画属性

（1）设置缓动：在创建骨骼动画后，在属性面板中设置缓动。Flash 为骨骼动画提供了几种标准的缓动，缓动应用于骨骼，可以对骨骼的运动进行加速或减速，从而使对象的移动获得重力效果，如图 9-2-1 所示。

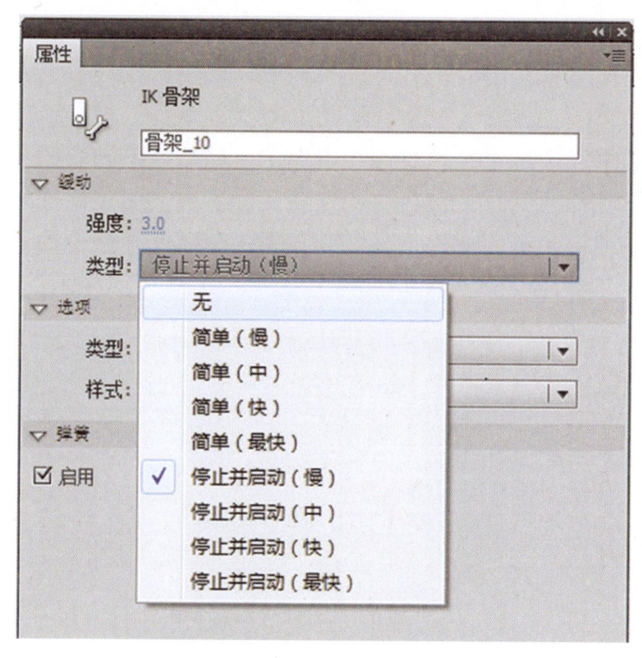

图 9-2-1 设置缓动

（2）约束连接点的旋转和平移：在 Flash 中，可以通过设置对骨骼的旋转和平移进行约束。约束骨骼的旋转和平移，可以控制骨骼运动的自由度，创建更为逼真和真实的运动效果，如图 9-2-2、图 9-2-3 所示。

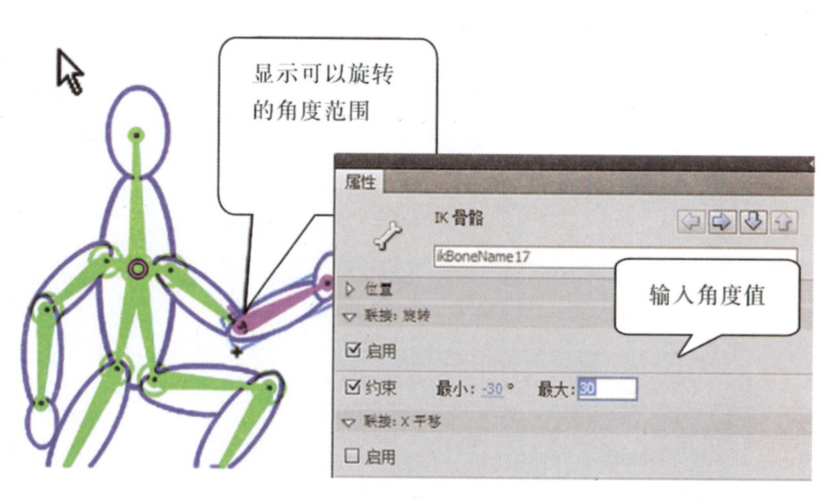

图 9-2-2 约束连接点的平移

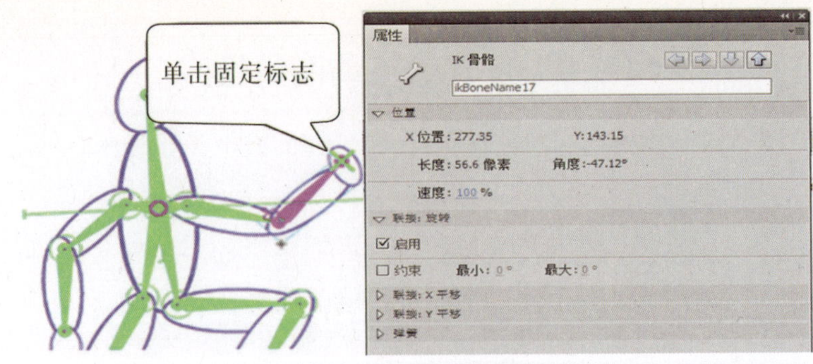

图 9-2-3　固定骨骼

（3）设置连接点速度：连接点速度决定了连接点的粘贴性和刚性，当连接点速度较低时，该连接点将反应缓慢，当连接点速度较高时，该连接点将具有更快的反应。在选取骨骼后，在属性面板的位置栏的速度文本框中输入数值，可以改变连接点的速度，如图 9-2-4 所示。

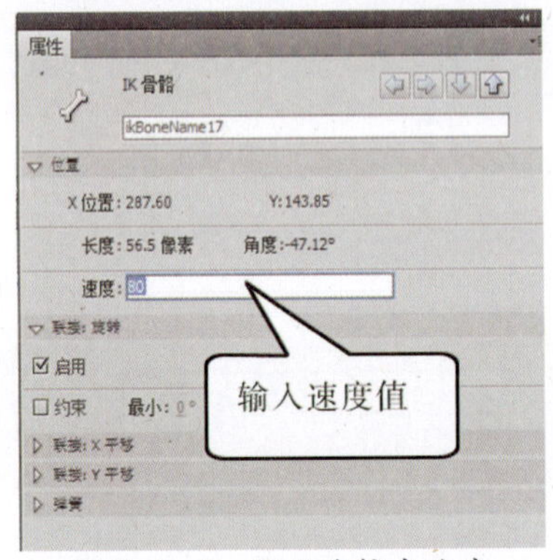

图 9-2-4　设置连接点速度

（4）设置弹簧属性：弹簧属性是 Flash CS5 新增的一个骨骼动画属性。在舞台上选择骨骼后，在属性面板中展开弹簧设置栏。该栏中有 2 个设置项，其中，强度用于设置弹簧的强度，输入值越大，弹簧效果越明显；阻尼用于设置弹簧效果的衰减速率，输入值越大，动画中弹簧属性减小得越快，动画结束得就越快。其值设置为 0 时，弹簧属性在姿态图层中的所有帧中都将保持最大强度，如图 9-2-5 所示。

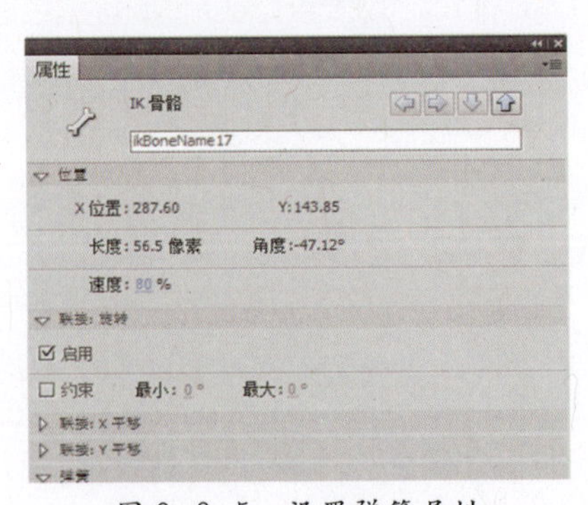

图 9-2-5　设置弹簧属性

9.3　制作形状骨骼动画

（1）创建形状骨骼：制作形状骨骼动画的方法与前面介绍的骨骼动画的制作方法基本相同。在工具箱中选择骨骼工具，在图形中单击鼠标后在形状中拖动鼠标即可创建第一个骨骼，在骨骼端点处单击后拖动鼠标可以继续创建该骨骼的子级骨骼。在创建骨骼后，Flash 同样将会把骨骼和图形自动移到一个新的姿势图层中，如图 9-3-1 所示。

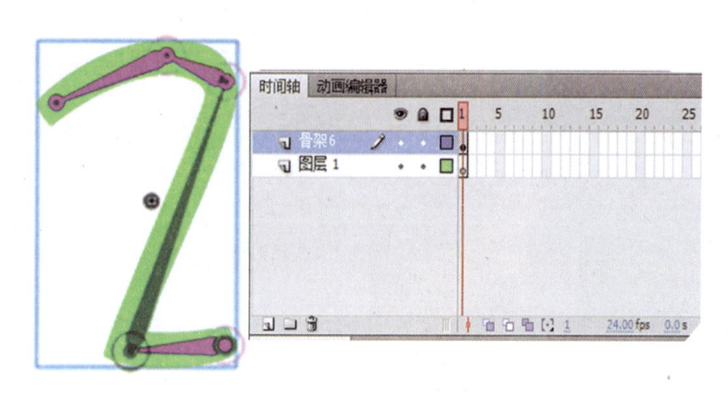

图 9-3-1　创建骨骼

（2）绑定形状：在默认情况下，形状的控制点连接到离它们最近的骨骼。Flash 允许用户使用绑定工具来编辑单个骨骼和形状控制点之间的连接。这样，就可以控制在骨骼移动时笔触或形状扭曲的方式，以获得更满意的结果，如图 9-3-2~ 图 9-3-4 所示。

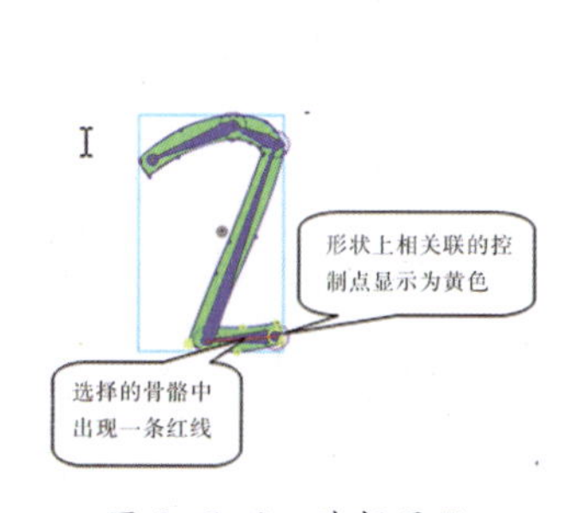

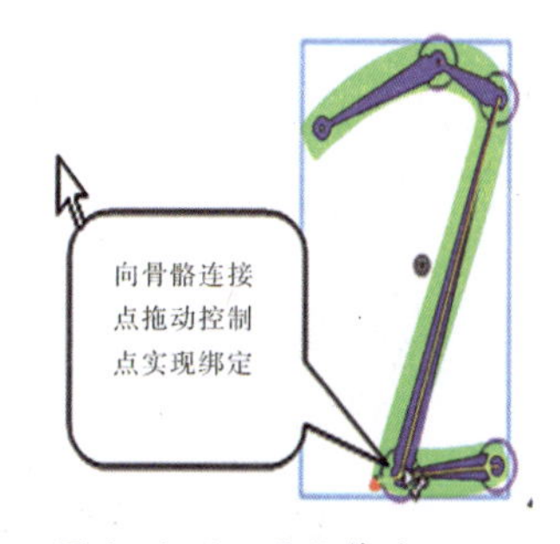

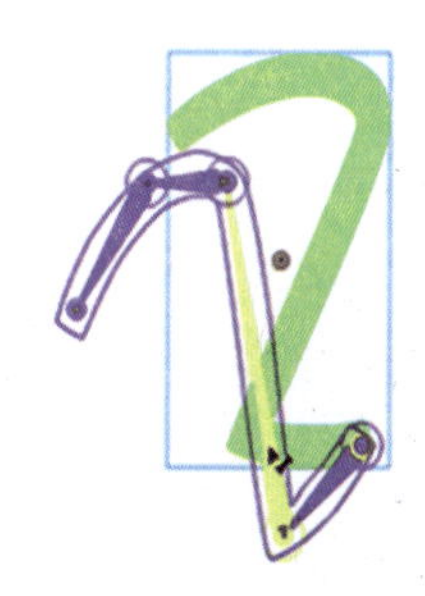

图 9-3-2　选择骨骼　　图 9-3-3　骨骼绑定　　图 9-3-4　拖动骨骼的效果

9.4 实例的 3D 变换

（1）平移实例：在 Flash 的 3D 动画制作过程中，平移指的是在 3D 空间中移动一个对象，使用 3D 平移工具能够在 3D 空间中移动影片剪辑的位置，使得影片剪辑获得与观察者的距离感。在工具箱中选择 3D 平移工具，在舞台上选择影片剪辑实例。此时在实例的中间将显示出 X 轴、Y 轴和 Z 轴，其中 X 轴为红色，Y 轴为绿色，Z 轴为黑色的圆点，如图 9-4-1 所示。使用鼠标拖动 X 轴或 Y 轴的箭头，即可将实例在水平或垂直方向上移动。拖动 X 轴箭头移动实例，如图 9-4-2 所示。

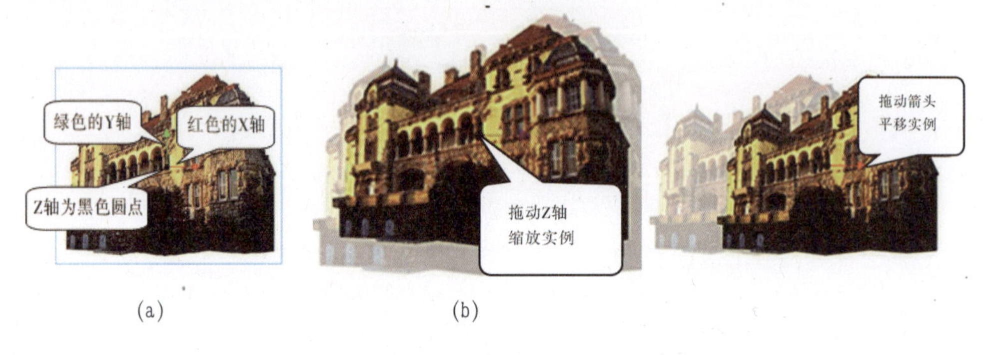

图 9-4-1　在 Z 轴反向平移图　　9—4—2　沿 X 轴方向平移

（2）旋转实例：使用 Flash 的 3D 旋转工具可以在 3D 空间中对影片剪辑实例进行旋转，旋转实例可以获得其与观察者之间形成一定角度的效果。

在工具箱中选择 3D 旋转工具，单击选择舞台上的影片剪辑实例，在实例的 X 轴上左右拖动鼠标将能够使实例沿着 Y 轴旋转，在 Y 轴上上下拖动鼠标将能够使实例沿着 X 轴旋转，如图 9-4-3~ 图 9-4-5 所示。

图 9-4-3　拖动坐标轴旋转实例　　图 9-4-4　拖动色圈旋转实例　　图 9-4-5　平移中心点

透视角度和消失点：在观看物体时，视觉上常常有这样的一些经验，那就是相同大小的物体，较近的比较远的要大；2 条互相平行的直线会最终消失在无穷远处的某个点，这个点就是消失点。人在观察物体时，视线的出发点称为视点，视点与观察物体之间会形成一个透视角度，透视角度的不同会产生不同的视觉效果。在 Flash 中，用户可以通过调整实例的透视角度和消失点位置来获得更为真实的视觉效果。

（1）调整透视角度：在舞台上选择一个 3D 实例，在属性面板的 3D 定位和查看栏中可以设置该实例的透视角度，如图 9-4-6、图 9-4-7 所示。

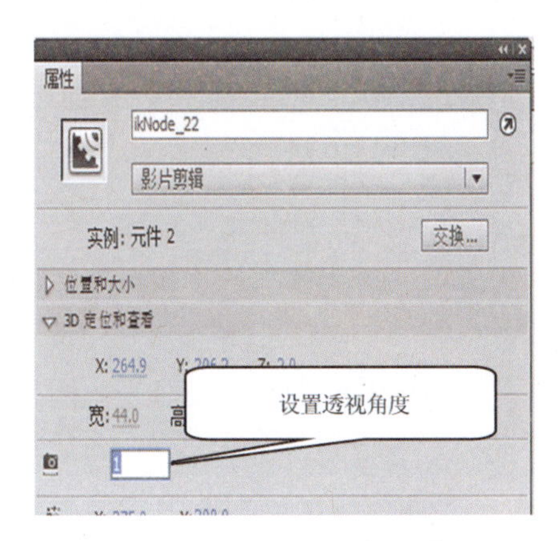

图 9—4—6　设置透视角度

图 9—4—7　透视角度为 1° 和 90° 的效果对比

（2）调整消失点：3D 实例的消失点属性可以控制其在 Z 轴的方向，调整该值将使实例的 Z 轴朝着消失点方向后退。通过重新设置消失点的方向，能够更改沿着 Z 轴平移的实例的移动方向，同时也可以实现精确控制舞台上的 3D 实例的外观和动画效果。

（3）3D 实例的消失点默认位置是舞台中心，如果需要调整其位置，可以在属性面板的 3D 定位和查看栏中进行设置，如图 9-4-8 所示。

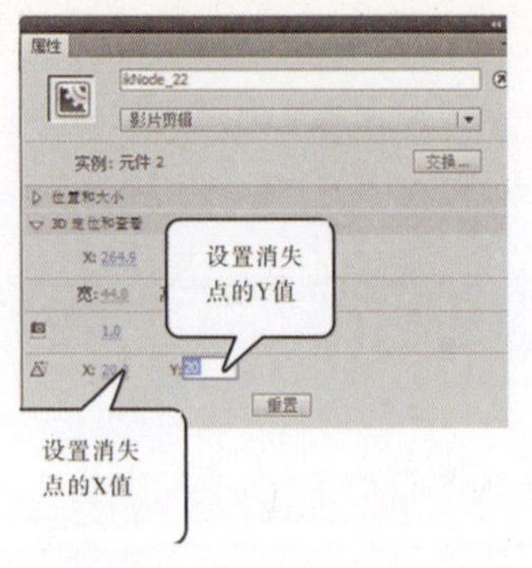

图 9-4-8　设置消失点的位置

本节练习案例 1——3D 视频动画

操作步骤：

（1）将素材图片导入到舞台，调整图片的大小。导入视频文件，在导入视频对话框中选择使用播放组件加载外部视频单选按钮，设置时取消播放组件的外观。

（2）从库面板中将视频拖放到舞台上，在属性面板的组件参数栏中将 scaleMode 设置为 exactFit。调整该视频的大小使其与背景图片中间的显示器大小相同。将该视频转换为影片剪辑。

（3）复制影片剪辑 2 个，在属性面板的 3D 定位和查看栏中设置影片剪辑的 3D 位置，在位置和大小栏中调整它们的大小，在变形面板中对影片剪辑进行 3D 旋转。使影片剪辑与左右两侧的显示器屏幕重合，如图 9-4-9 所示。

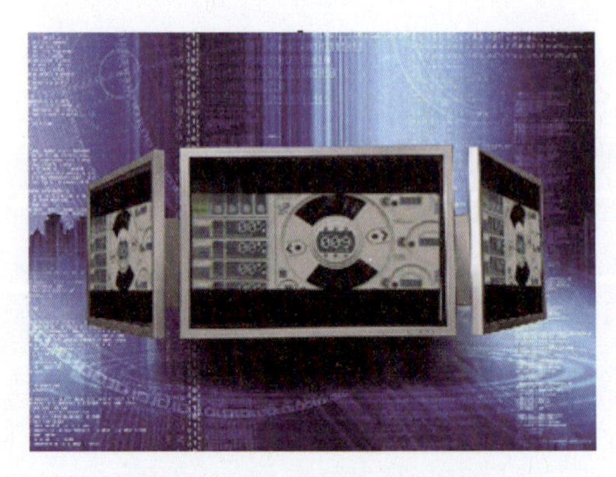

图 9-4-9　最终练习效果图

本节练习案例 2——3D 文字效果

操作步骤：

（1）将素材图片导入到舞台，调整图片的大小。新建一个图层，在图层中输入一段文字，将文字转换为影片剪辑，在属性面板中为文字添加发光滤镜效果。

将时间轴面板中 2 个图层的帧延伸到需要的位置。

（2）选择文字所在的影片剪辑，在变形面板的 3D 旋转栏中将 X 设置为 -90°，使影片剪辑沿 X 轴旋转，其他的参数设置为 0°。在属性面板的 3D 定位和查看栏中设置透视角度，调整消失点的 X 和 Y 值设置消失点的位置。调整 X、Y 和 Z 的值将文字放置到舞台外部。

（3）为文字创建补间动画，选择最后一帧，选择文字所在的影片剪辑后在属性面板中调整 Z 的值即可，如图 9-4-10 所示。

图 9-4-10　最终效果图

本章小结

本章学习 Flash 中骨骼动画和 3D 动画的制作方法。通过本章的学习，读者将能够掌握使用 Flash 的骨骼系统来创建各种复杂动作的操作方法，能够在动画中添加各种 3D 动画效果。

第10章　在Flash中应用声音与添加视频文件

Flash提供了许多使用声音的方式。可以使声音独立于时间轴连续播放，或使动画与一个声音同步播放。还可以向按钮添加声音，使按钮具有更强的感染力。另外，通过设置淡入淡出效果还可以使声音更加优美。由此可见，Flash对声音的支持已经由先前的实用，转到了现在的既实用又力求美感的阶段。

10.1　Flash中应用声音

（1）导入声音：选择“文件”→“导入”→“导入到舞台”或“导入到库”命令打开导入对话框，在其中选择需要导入的文件。单击打开按钮即可导入声音文件，如图10–1–1所示。

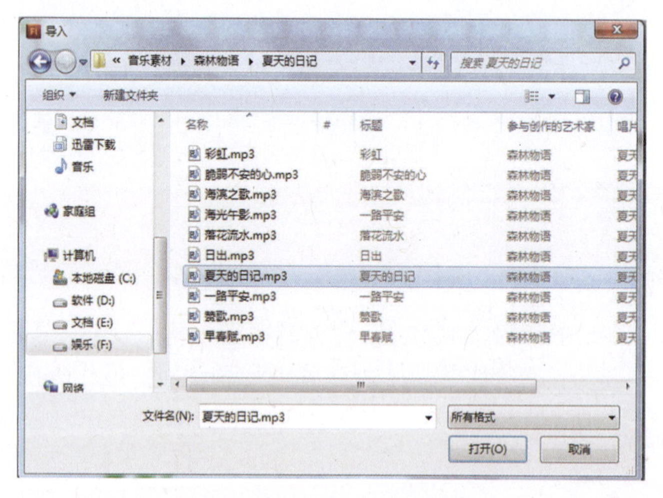

图10—1—1　导入声音文件

声音导入Flash文档后，将会自动添加在库面板的列表中。在列表中选择声音，库面板中将显示声音的波形图，单击播放按钮可以预览声音效果，如图10–1–2所示。

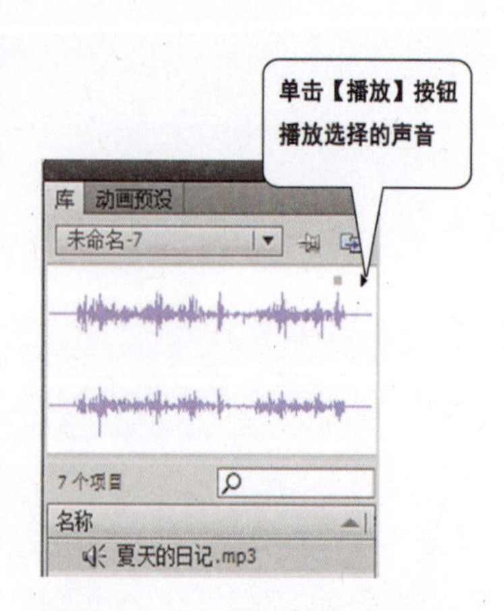

图10—1—2　显示声音波形图

（2）应用声音：声音文件导入到文档中后，就可以在时间轴上添加声音了。在时间轴面板中创建一个新图层，选择该图层，从库中将声音拖放到舞台上，此时在该图层的时间轴上将显示声音的波形图，声音被添加到文档中，如图10–1–3所示。

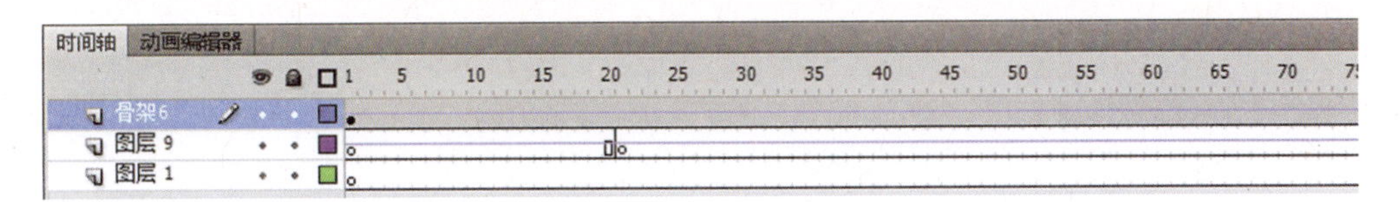

图 10–1–3　添加声音

提示：在向文档中添加声音时，可以将多个声音放置到同一个图层中，也可以放置到包含动画的图层中。这里，最好将不同的声音放置在不同的图层中，每个图层相当于一个声道，这样有助于声音的编辑处理。

（3）修改声音：与放置在库中的各种元件一样，声音放置在库中，可以在文档的不同位置重复使用。在时间轴上添加声音后，在声音图层中选择任意一帧，在属性面板的名称下拉列表框中选择声音文件，此时，选择的声音文件将替换当前图层中的声音，如图 10–1–4 所示。

图 10–1–4　选择声音文件

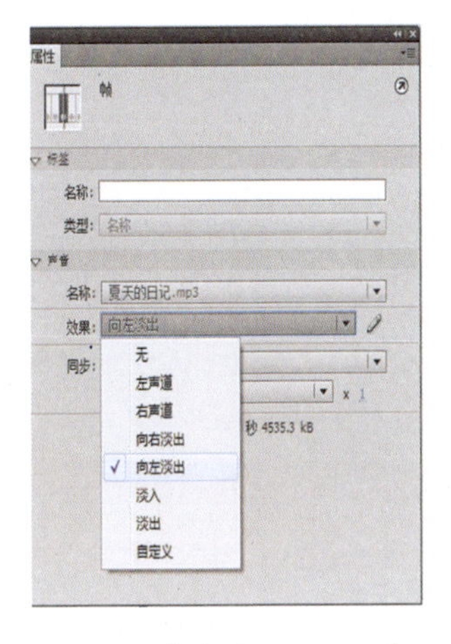

图 10–1–5　声音效果属性面板

（4）添加声效：添加到文档中的声音可以添加声音效果。在时间轴面板中选择声音图层的任意帧，在属性面板的效果下拉列表框中选择声音效果即可，如图 10–1–5 所示。

注：在效果下拉列表中各选项的含义，无——声音无效果；左声道和右声道——只在左声道或右声道播放声音；向右淡出或向左淡出——声音的播放从左声道向右声道渐变或从右声道向左声道渐变；淡入和淡出——声音在播放时音量逐渐增大或逐渐减小。自定义——用于打开编辑封套对话框对声音的变化进行编辑。

（5）声音编辑器：在时间轴上选择声音所在图层，在属性面板中单击效果下拉列表框右侧的编辑声音封套按钮或在效果下拉列表中选择自定义选项，将打开编辑封套对话框。使用该对话框将能够对声音的起始点、终止点和播放时的音量进行设置，如图 10–1–6 所示。

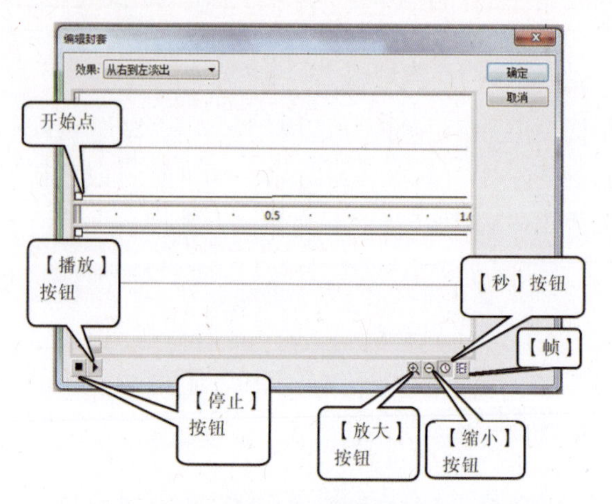

图 10—1—6　编辑封套面板

（6）同步声音：Flash 的声音可以分为两类，一种是事件声音，一种是流式声音。事件声音指的是将声音与一个事件相关联，只有当事件触发时，声音才会播放。例如，单击按钮时发出的提示声音就是一种经典的事件声音。事件声音必须在全部下载完毕后才能播放，除非声音全部播放完，否则其将一直播放下去。流式声音就是一种边下载边播放的声音，使用这种方式将能够在整个影片范围内同步播放和控制声音。当影片播放停止时，声音的播放也会停止。这种方式一般用于体积较大，需要与动画同步播放的声音文件，如图 10–1–7 所示。

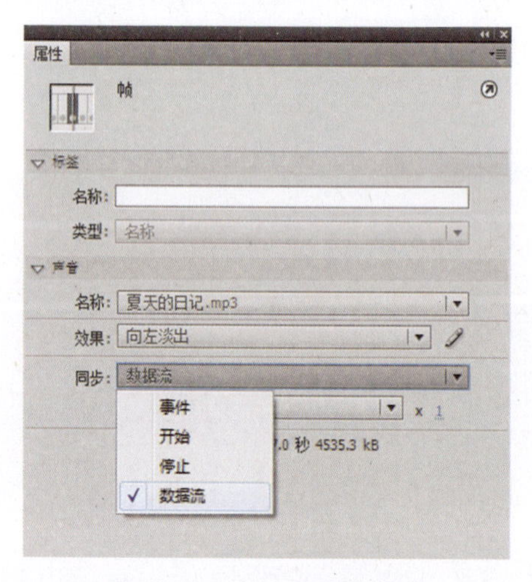

图 10—1—7　设置同步模式

（7）声音的循环和重复：选择声音所在图层，在属性面板中可以设置声音是重复播放还是循环播放。如果选择重复选项，声音将重复播放，在其后的文本框中输入数值可以设置声音播放的次数，如果需要声音循环播放，可以在这里选择循环选项，如图 10–1–8 所示。

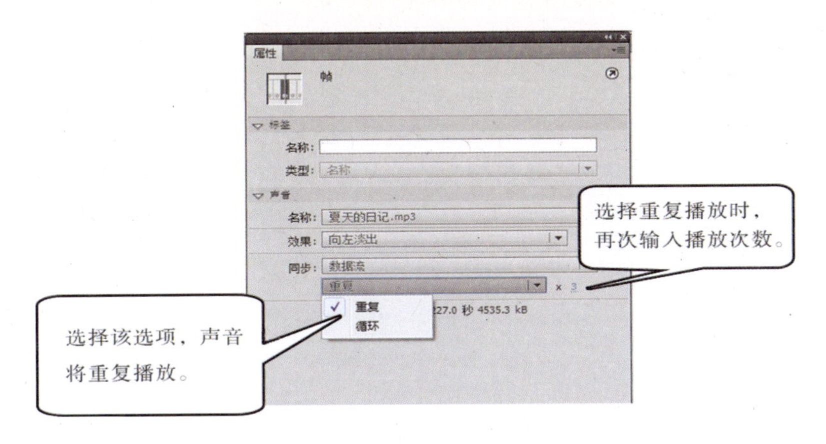

图 10—1—8　设置重复播放或循环播放

（8）压缩声音：当添加到文档中的声音文件较大时，将会导致 Flash 文档的增大。当将影片发布到网上时，会造成影片下载过慢，影响观看效果。要解决这个问题，可以对声音进行压缩。在库面板中双击声音图标或在选择声音后单击库面板下的属性按钮打开声音属性对话框，该对话框将显示声音文件的属性信息。在压缩下拉列表中可以选择对声音使用的压缩格式。压缩格式分为：ADPCM 格式、MP3 格式、其他格式，如图 10–1–9 所示。

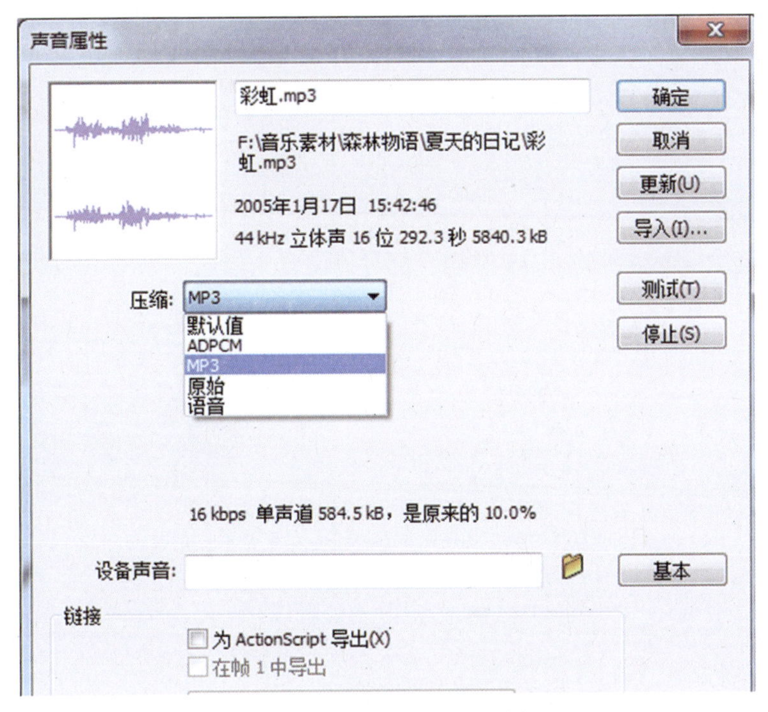

图 10—1—9　声音属性面板

10.2　添加应用视频文件

在 Flash CS5 中，有 3 种方法来使用视频，它们分别是从 Web 服务器渐进式下载方式和直接在 Flash 文档中嵌入视频方式。

（1）渐进式下载视频：从 Web 服务器渐进式下载方式是将视频文件放置在 Flash 文档或生成的 SWF 文档的外部，用户可以使用 FLVPlayback 组件或 ActionScript 在运行时的 SWF 文件中加载并播放这些外部 FLV 或 F4V 视频文件。在 Flash 中，使用渐进式下载的视频实际上仅仅只是在文档在文档中添加了对视频文件的引用，Flash 使用该引用在本地计算机和 Web 服务器上去查找视频文件。

使用渐进方式下载视频有很多优点，在作品创作过程中，仅发布 SWF 文件即可预览或测试 Flash 文档内容，这样可以实现对文档的快速预览，并缩短测试时间。在文档播放时，第一段视频下载并缓存在本地计算机后即可开始视频播放，然后将一边播放一边下载视频文件。

（2）嵌入视频：嵌入视频，是将所有的视频文件数据都添加到 Flash 文档中。使用这种方式，视频被放置在时间轴上，此时可以方便查看时间轴中显示的视频帧，但这样也会导致 Flash 文档或生成的 SWF 文件比较大。下面介绍在 Flash 文档中嵌入视频的具体操作方法。

实例——蝴蝶飞动动画制作

操作步骤：

（1）新建一个空白的 Flash 文档，把背景设置为黑色，如图 10-2-1 所示。

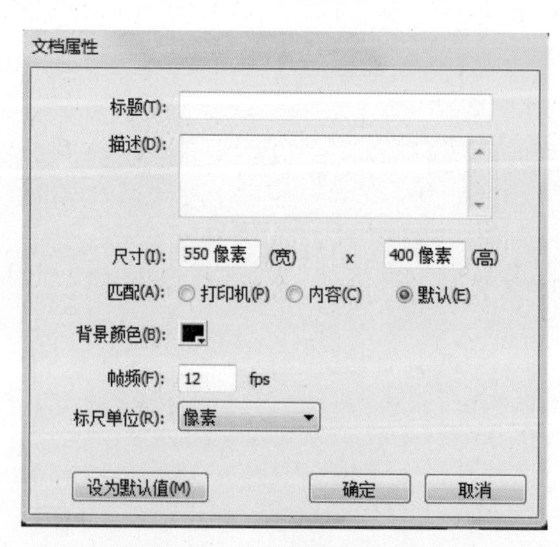

图 10-2-1　新建空白 Flash 文档

（2）在场景中把图层 1 改为窗框，然后在这一层中绘制一个矩形边框，如图

10-2-2 所示。

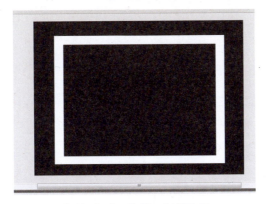

图 10-2-2　绘制一矩形边框

（3）选择“文件”→“导入”→“导入到库”，导入一张事先准备好的图片。因为这里要把窗填充成一个木制颜色的窗，所以要先导入一张木纹图片，如图 10-2-3 所示。

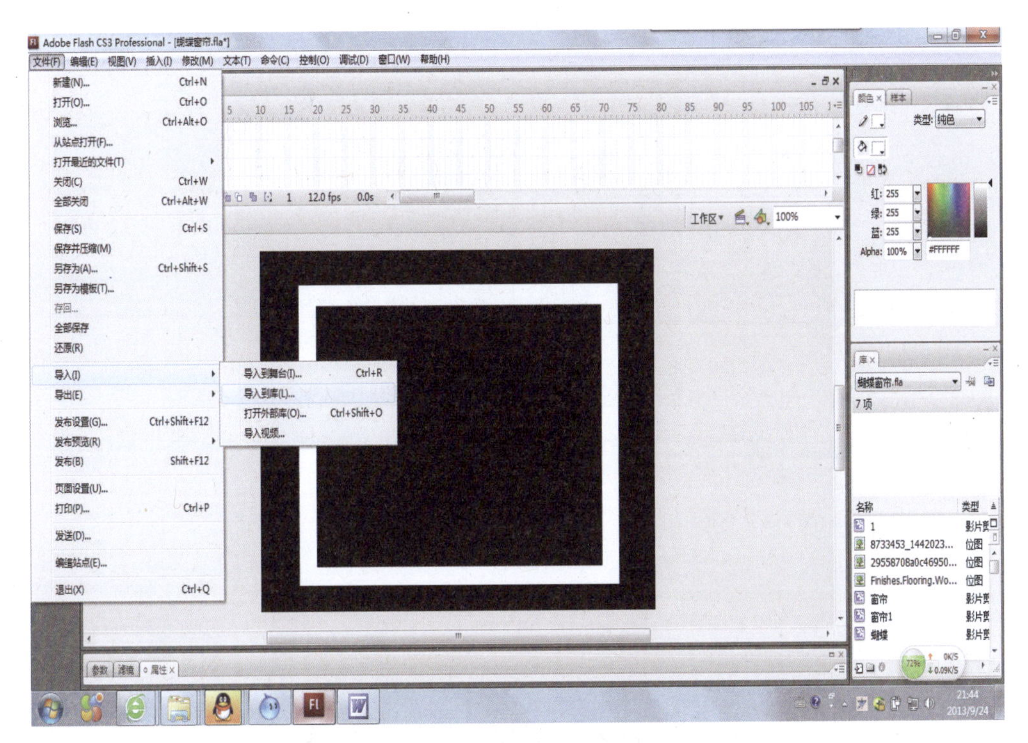

图 10-2-3　导入一张木纹图片

（4）导入后按 Shift+F9 打开混色器，把填充的类型选择为位图，然后再选择刚才导入的图片填充，如图 10-2-4 所示。

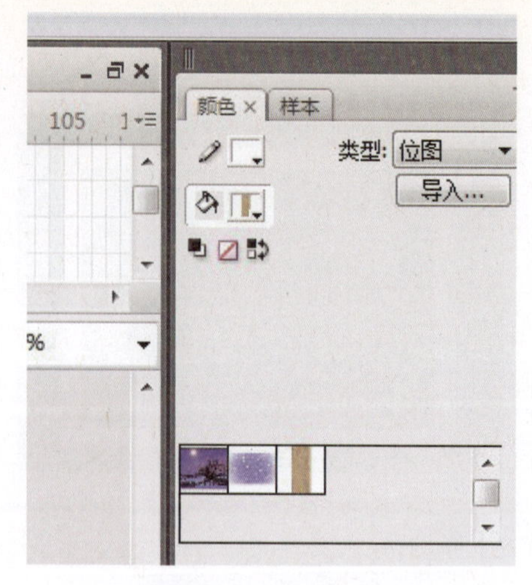

图 10-2-4　填充图片

（5）新建一个图层为“窗”，把这个图层放到窗框下面。然后在这一层中绘制如图的窗。用刚才的方法把它填充成木色，如图 10-2-5 所示。

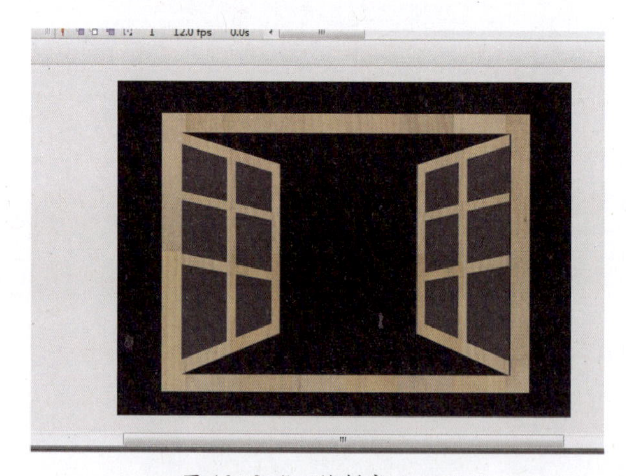

图 10-2-5　绘制窗

（6）中间的玻璃用透明度为 30% 的灰色填充，如图 10-2-6 所示。

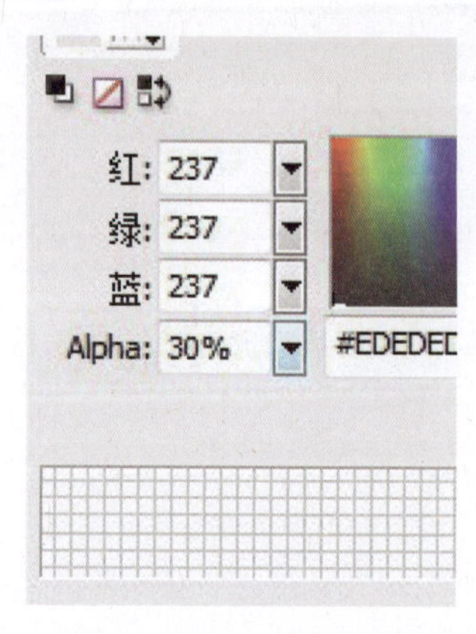

图 10-2-6　填充玻璃

（7）按 Ctrl+F8 新建一个名为“窗帘”的影片剪辑，如图 10–2–7 所示。

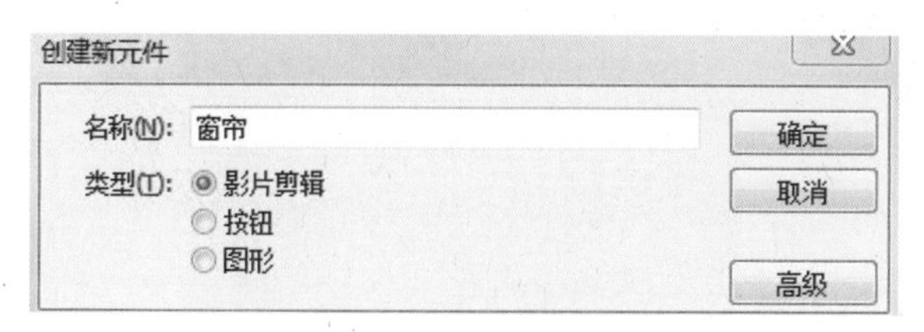

图 10–2–7　新建影片剪辑

（8）在影片剪辑中绘制窗帘布，可以按照自己的想法来画，填充色选择透明度为 30% 的白色，如图 10–2–8 所示。

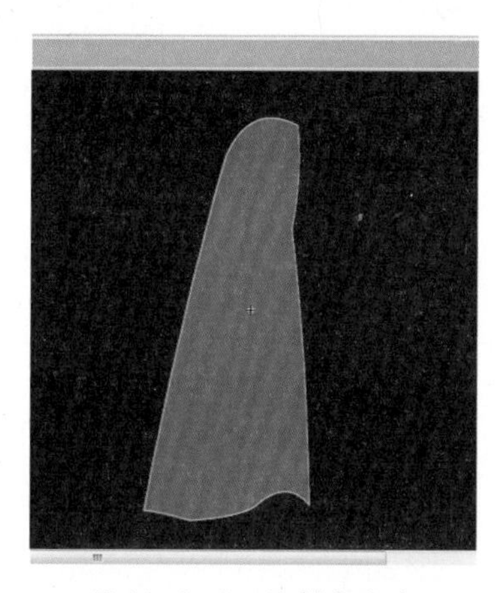

图 10–2–8　绘制窗帘布

（9）在图层 1 第 50 帧插入关键帧，在这一帧中用选择工具把窗帘布的形状进行改变，如图 10–2–9 所示。

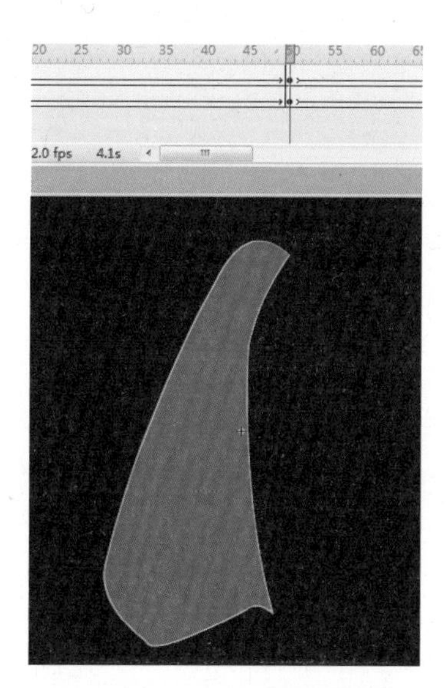

图 10–2–9　改变窗帘布形状

（10）改好形状后，在第 1 帧右击选择复制帧复制第 1 帧，然后在 100 帧右击粘贴帧，这是为了使窗帘布来回飘动，最后分别在第 1 帧和第 50 帧插入形状补间动画，如图 10-2-10 所示。

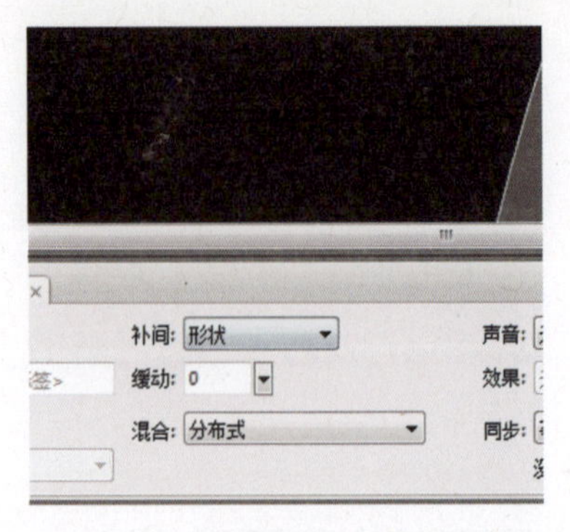

图 10-2-10　给窗帘插入形状补间动画

注：如果形状补间动画不能按照预期那样来，可以在第 50 帧插入帧后别急着改变它的形状，先在第 1 帧插入形状补间动画，然后再点第 50 帧，在这里不要进行大的改动，就需要改一点就点下前面的帧看下变化的过程，不符合就使用 Ctrl+Z 撤消，重新再改。在这里需要耐心调整，最终达到完美的效果。

（11）新建一个图层 2，给窗帘多绘制一个叠影，方法和前面绘制窗帘是一样的，如图 10-2-11 所示。

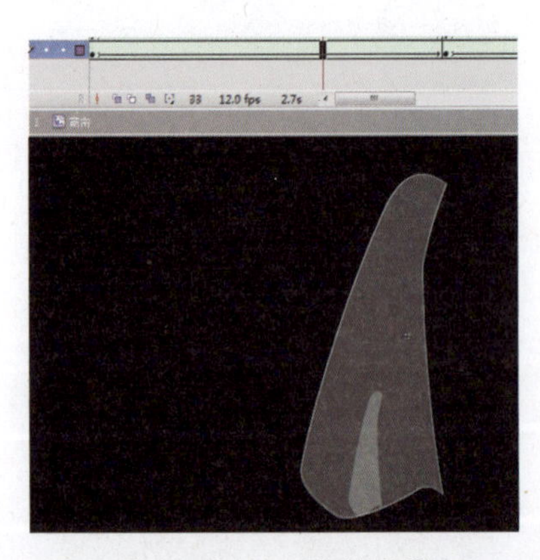

图 10-2-11　绘制叠影

（12）新建一个名为“窗帘 1”的影片剪辑，按 Ctrl+L 打开库，把刚才做好的窗帘动画拖到场景中，然后在第 29 帧插入帧，如图 10-2-12、图 10-2-13 所示。

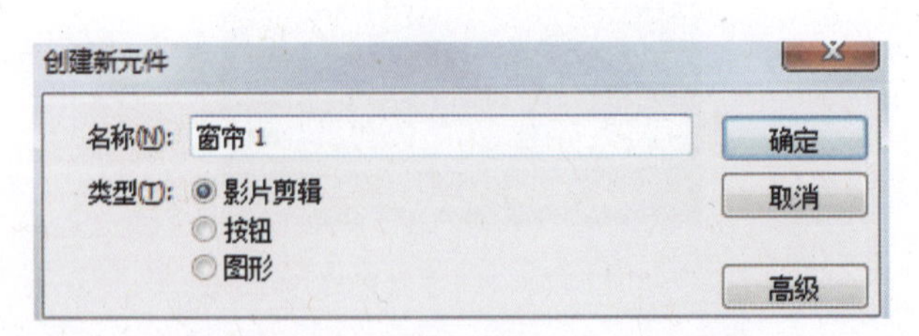

图 10-2-12　创建“窗帘 1”影片剪辑

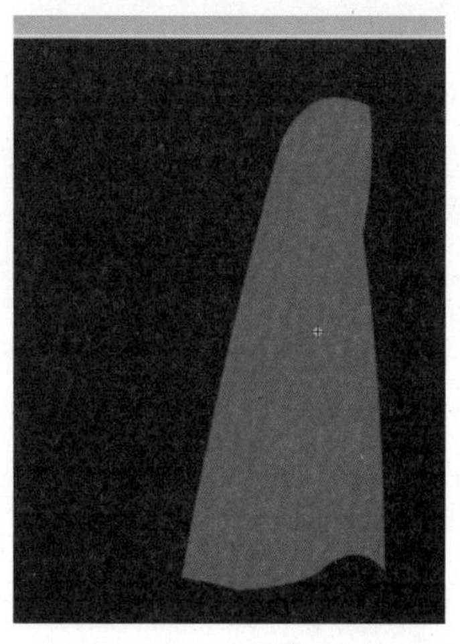

图 10–2–13　拖入窗帘到场景

（13）新建一个图层 2，再拖入一个窗帘的影片剪辑，然后选择“修改”→“变形”→“水平翻转”，把它换下方向，同样在第 29 帧插入帧，如图 10–2–14 所示。

（14）新建一个图层 3，这次插入两个窗帘的影片剪辑，同样把其中一个的方向改变下，用变形工具调整下这两个图形的大小。让其看起来具有层次感。最后在第 30 帧插入帧，如图 10–2–15 所示。

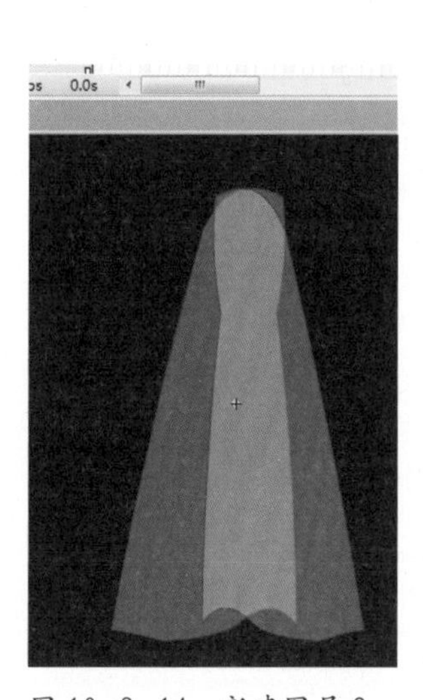

图 10–2–14　新建图层 2

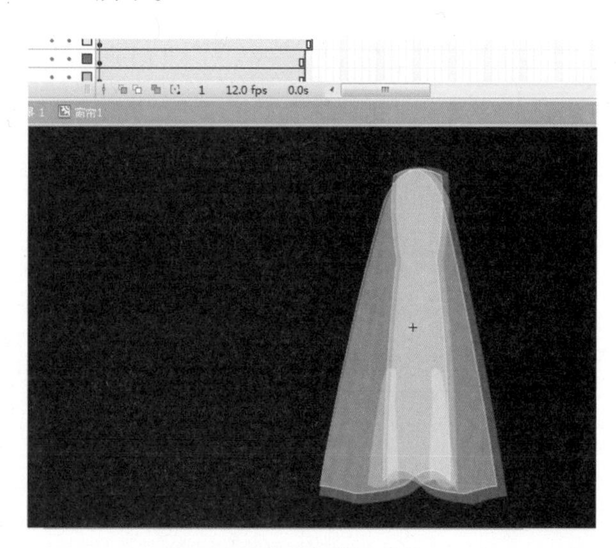

图 10–2–15　新建图层 3

（15）再新建一个图层 4，在图层 4 第 30 帧插入关键帧。点击图层 1，然后把图层 1 场景中的元件，按 Ctrl+C 复制，再点击图层 4 第 30 帧，按 Ctrl+Shift+V 把它粘贴到原来的位置，同样再点击图层 2，把图层 2 的图形也复制过来粘贴到原来的位置。最后，按 F9 打开动作面板，输入 stop(); 如图 10–2–16 所示。

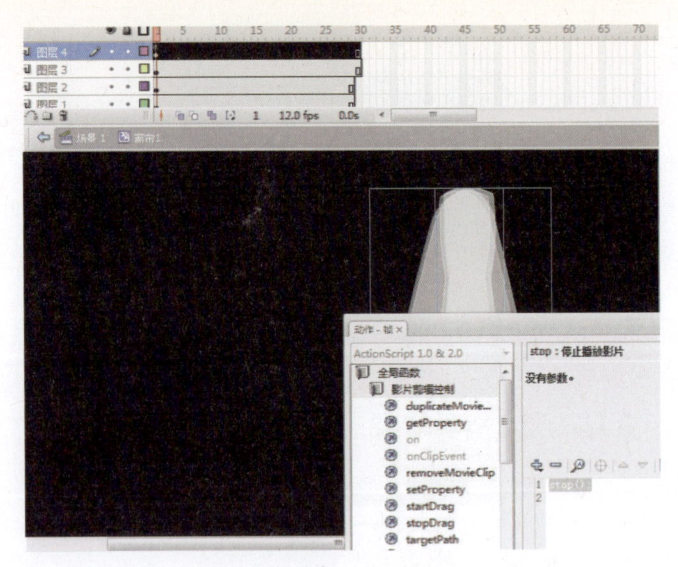

图 10-2-16　新建图层 4

（16）最后，分别点下图层 1 和图层 2 中的元件，按下 Ctrl+B 打散。

（17）返回到场景中，新建一个图层为“窗帘”，打开库，把刚做好的窗帘 1 元件拖放到场景中，拖放两个，一个用水平翻转改变其方向，分别把这两个元件摆放好，如图 10-2-17 所示。注：可以适当的用变形工具再调整下。

图 10-2-17　新建图层“窗帘”

（18）新建一个图层为“背景”，把它放到窗图层下面，然后画一个和场景一样大小的填充的矩形，然后把填充色设置为无，再画一个小矩形无填充色的，把它的大小设置和窗一样大，画好后，点击场景外空白处，取消选择，双击场景中的小矩形，把它选起来后删掉，这样，背景矩形就画好了，在这里可以再导入一张图片来填充，方法跟前面画窗时填充一样的，如图 10-2-18 所示。

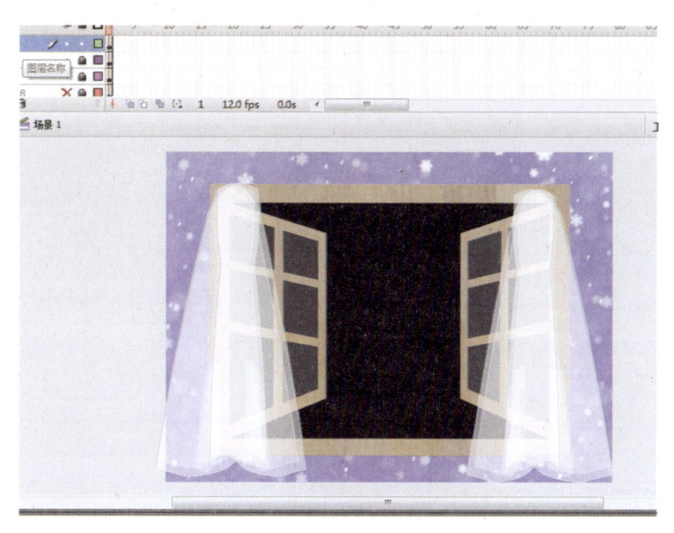

图 10–2–18　新建图层“背景”

（19）调整：用选择工具在背景层里选出窗上边的图形，然后复制，再新建一个背景上的图层，在这一层中把它粘贴到原来的位置。

（20）新建一个图层“窗上”，绘制一个矩形条，把它填充为和窗一样的颜色，再把它放置在窗上面，然后再用线条工具在它下面画一条灰色的线条，以增加它的层次感，如图 10–2–19 所示。

图 10–2–19　新建图层“窗上”

（21）在底层新建一个背景图的图层，在这个图层中导入一张已准备好的图片做背景，导入图片后用变形工具调整大小，如图 10–2–20 所示。

图 10-2-20　新建背景图图层

（22）新建一个影片剪辑，命名为“1”，选择“文件”→“导入”→“导入到舞台”，导入一张事先准备好的蝴蝶。导入蝴蝶后，在第 5 帧和第 10 帧插入关键帧，然后点下第 5 帧，把这一帧里，选择变形工具，然后按住 Shift 不放，把蝴蝶往中间缩小一半。分别在第一帧和第 5 帧右击，选择创建补间动画，如图 10-2-21 所示。

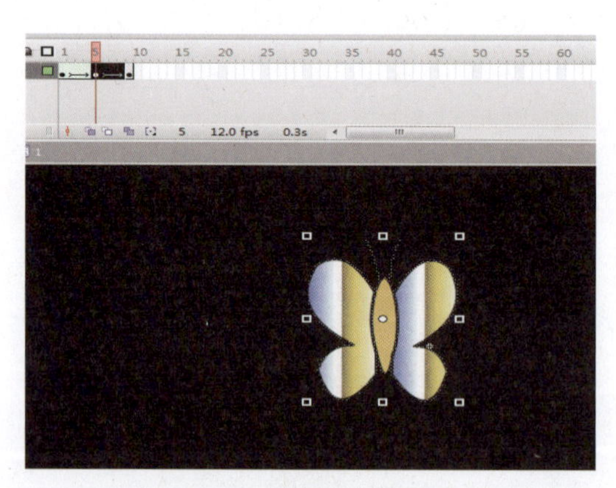

图 10-2-21　新建影片剪辑“1”

（23）再次新建一个影片剪辑，命名为“蝴蝶”，打开库，把刚做好的元件 1 拖到舞台中来，再为图层 1 添加运动引导层，在引导层的第 1 帧里随意画出一条线，这条线就是让蝴蝶飞的路径，路径根据个人要求进行绘制，如图 10-2-22 所示。

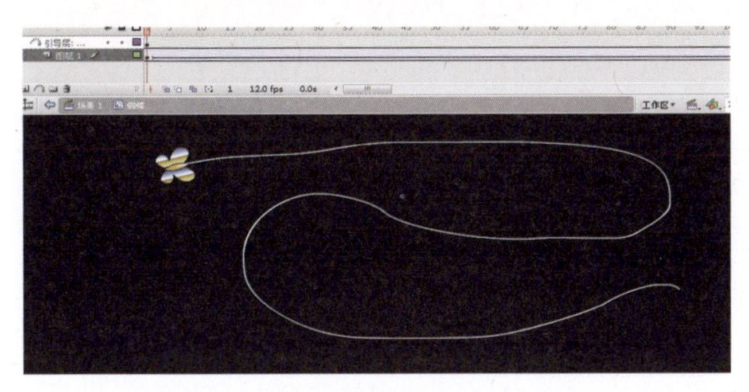

图 10-2-22　新建影片剪辑“蝴蝶”

（24）在引导层第 300 帧插入帧，再在图层 1 第 300 帧插入关键帧，点击图层 1 第 1 帧，在这一帧把蝴蝶放在引导层的一端，也就是要开始飞的一端，再点下第 300 帧，把它放在另一边，如图 10-2-23 所示。

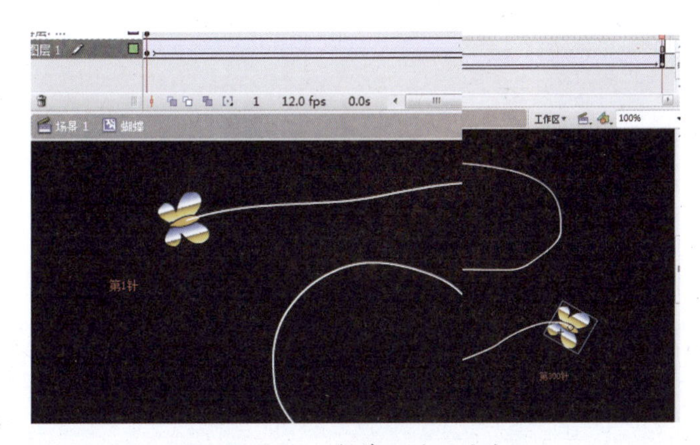

图 10-2-23　制作蝴蝶飞的过程

（25）点击第 1 帧，右击创建补间动画，在补间动画的属性中勾选“调整到路径”，这样一只沿着指定路径飞舞的蝴蝶就做好了。再次在图层 1 第 340 帧插入帧，如图 10-2-24 所示。

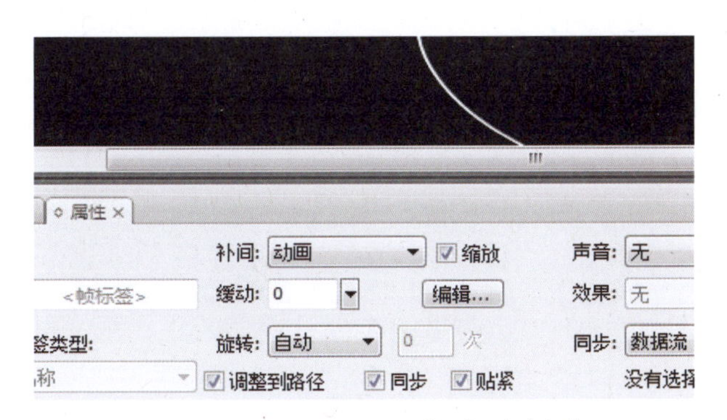

图 10-2-24　设置属性“调整到路径”

（26）用同样的方法再做一只不同路径飞舞的蝴蝶。新建一个影片剪辑，命名为“蝴蝶飞飞”，把刚做好的两个蝴蝶飞舞的元件放进来，而且要让它们在不同时间段开始飞出来。

（27）在图层 1 第 10 帧插入关键帧，打开库，把蝴蝶元件拖到场景中来，在第 120 帧插入帧。

（28）再新建一个图层 2，在第 50 帧插入关键帧，同样再拖入一个蝴蝶元件进来，这次可以拖一个不同路径的进来，同样在第 120 帧插入帧。

（29）再新建一个图层 3，在第 120 帧插入关键帧，再插入一个蝴蝶元件进来，根据个人喜好拖入蝴蝶元件，拖进场景后把它改变方向。最后点击 120 帧，任意一个图层都可以，然后按 F9 打开动作面板，输入“stop();”，三只蝴蝶适当调整位置。

注：如果觉得蝴蝶的颜色和场景里的图片不适合，可以点击想改变颜色的蝴蝶，打开属性面板，选择“颜色”→“色调”，然后调整好需要的颜色，再改变下透明度就行了，如图 10-2-25 所示。

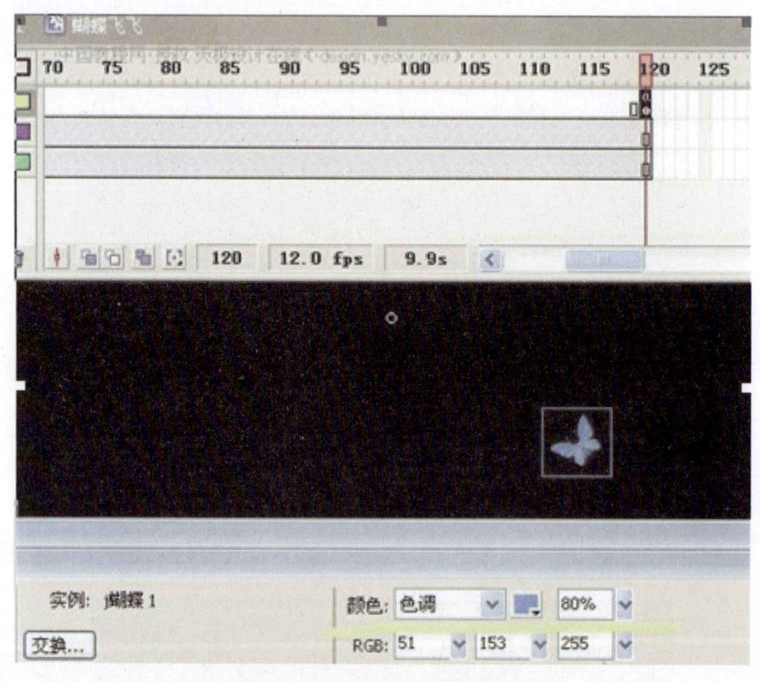

图 10-2-25　调整蝴蝶颜色

（30）返回场，在背景图层上面新建一个图层为蝴蝶，然后把刚做好的蝴蝶飞飞元件拖到场景中。

（31）可以用做蝴蝶的方法再做一个枫叶飘落的小动画，再放置到场景中，如图 10-2-26 所示。

图 10–2–26　制作枫叶飘落动画

（32）添加音乐：在场景中新建一个图层为音乐，然后选择“文件”→“导入”→“导入到库”，导入一首事先准备好的音乐，点击音乐图层，在属性面板中选择已导入的音乐，如图 10–2–27 所示。

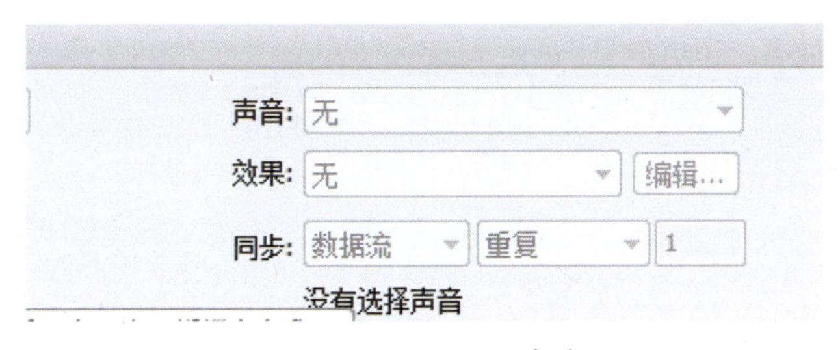

图 10–2–27　添加音乐

（33）测试最终效果，如图 10–2–28 所示。

图 10-2-28　最终效果

本章小结

本章学习 Flash 中声音和视频的导入方法，同时介绍了对 2 种文件进行设置的方法。通过本章学习，能够掌握在 Flash 文档中使用声音和视频素材的方法，同时能够根据创作对导入的声音和视频进行设置。

第 11 章　综合案例制作

11.1　蜻蜓飞舞动画

操作步骤：

（1）新建立一个 Flash 文档，修改其属性如图 11–1–1 所示。

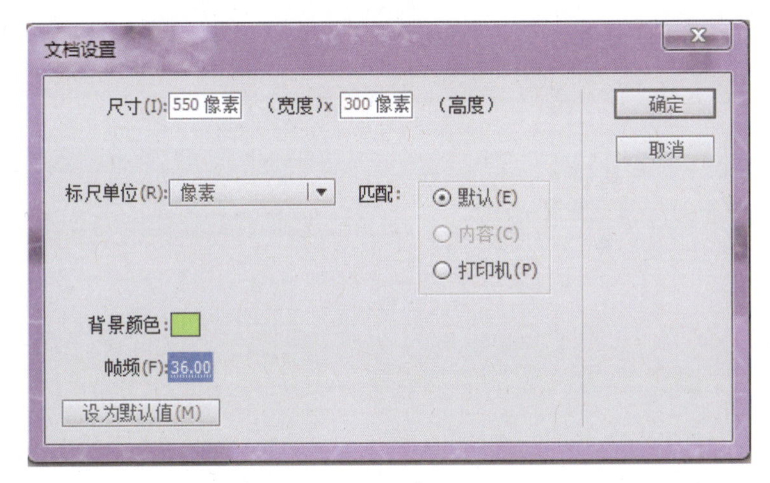

图 11–1–1　新建 Flash 文档

（2）在主场景中把图层 1 改名为“back”，这是背景层，我们选择矩形工具绘制一个 550*300 的矩形正好和舞台重合，在这里要使用混色器面板，设置线性填充效果如图 11–1–2 所示。

图 11–1–2　绘制一个矩形

（3）之后我们新建一个元件，画一些草，为了让动画效果更好可以让草也动起来，在这里我们制作的是一个静止的图，如图 11–1–3 所示。

图 11—1—3　制作一个静止的图

（4）接下来我们制作蜻蜓动画，蜻蜓动画其实只是蜻蜓的四个翅膀在动，所以方法是先建立翅膀静止的元件，然后建立翅膀运动的元件，最后组织成为一个蜻蜓电影剪辑元件。绘制过程如图 11–1–4 所示。

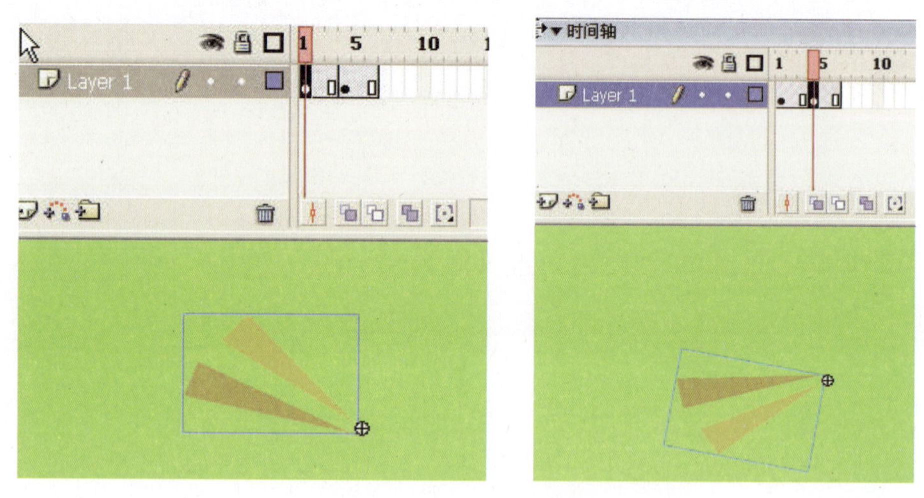

图 11—1—4　制作蜻蜓动画

（5）美化翅膀，组织成一个蜻蜓，把翅膀旋转一下就可以了，如图 11–1–5 所示。

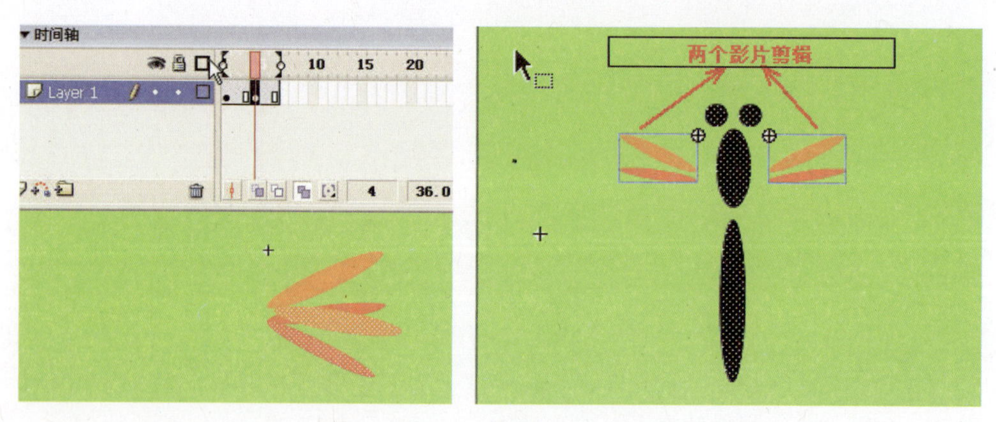

图 11—1—5　美化翅膀，制作蜻蜓

（6）继续美化蜻蜓身体与翅膀，如图 11–1–6 所示。

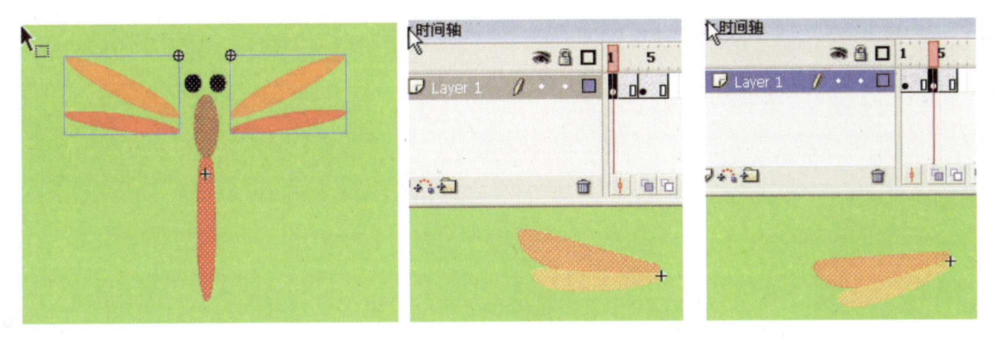

图 11–1–6　美化蜻蜓身体与翅膀

（7）组织成一个效果较好的蜻蜓，如图 11–1–7 所示。

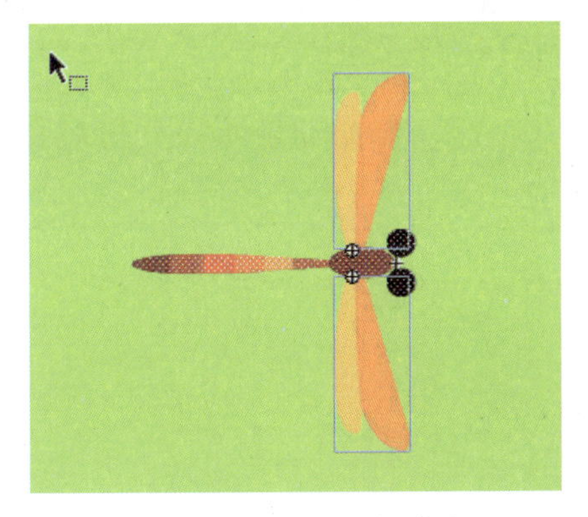

图 11–1–7　组织成蜻蜓

（8）新建立一个电影剪辑元件，命名为“trans”，绘制一个小的白色矩形，注意此时已经将显示比例调到 200%，如图 11–1–8 所示。

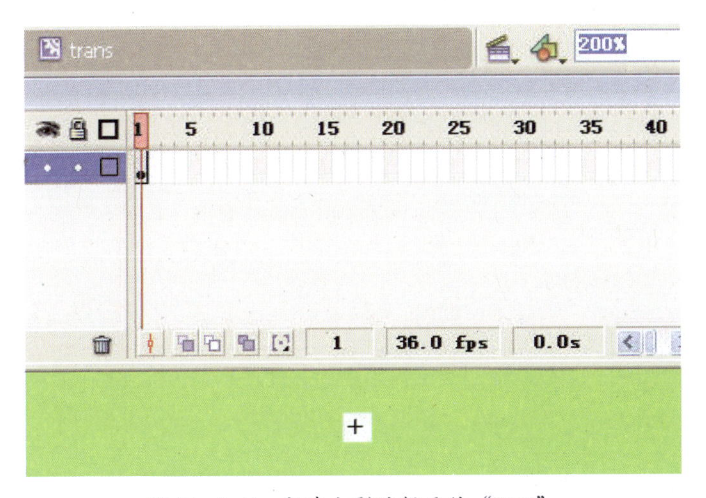

图 11–1–8　新建电影剪辑元件“trans”

（9）回到主场景，新添加一个草层，然后把我们制作的草拖出来，连续拖出两次，使草看起来错综复杂，效果如图 11–1–9 所示。

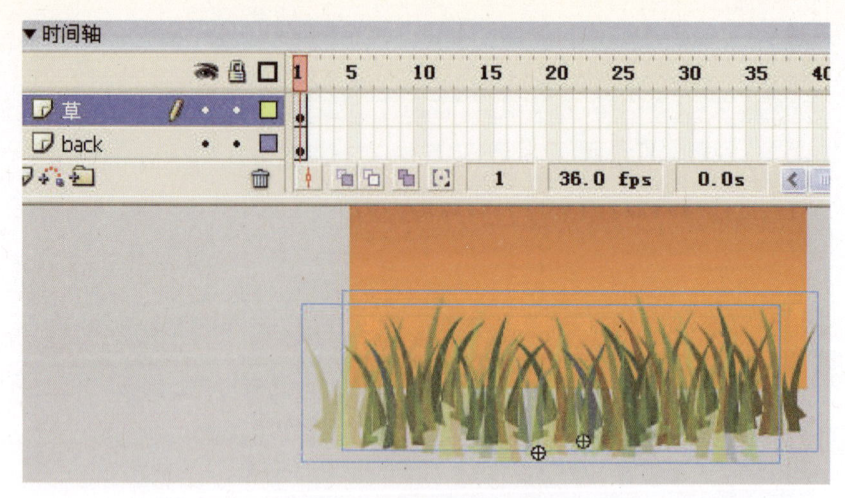

图 11–1–9 新添加一个草层

（10）新建立一个图层“蜻蜓”，然后把蜻蜓电影剪辑从库中拖出来，依次重复 5 次，打开属性面板，分别给蜻蜓命名实例名为 fly1，fly2，fly3，fly4，fly5，效果如图 11–1–10 所示。

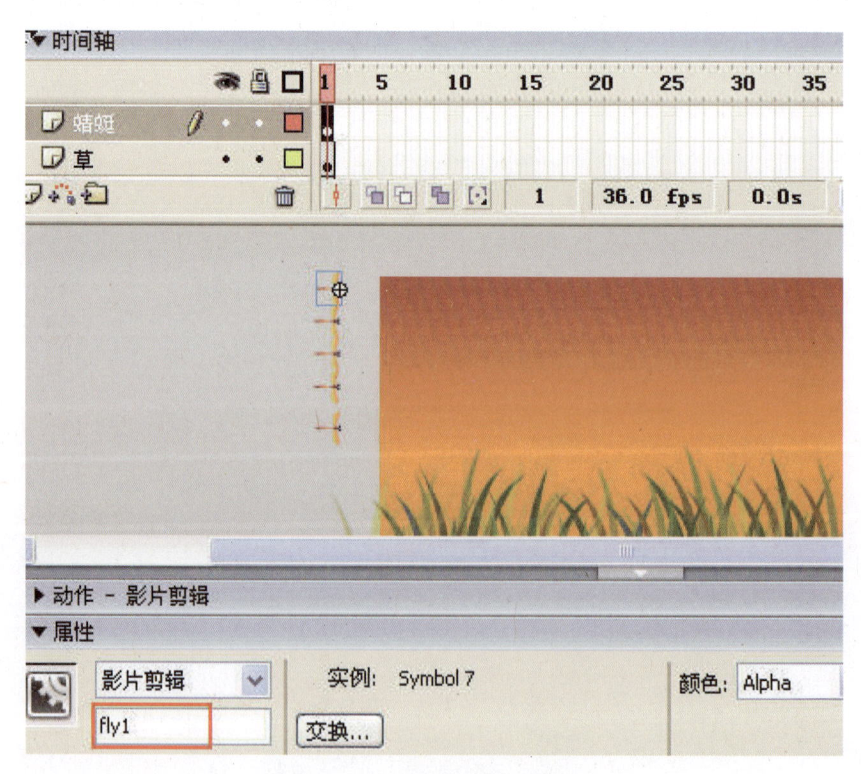

图 11–1–10 新建图层“蜻蜓”

（11）新建立一个图层“trans”，然后把蜻蜓电影剪辑从库中拖出来，依次重复 5 次，打开属性面板，分别给蜻蜓命名实例名为 transp1，transp2，transp3，transp4，transp5，效果如图 11–1–11 所示。

图 11-1-11 新建图层“trans”

（12）新建立一个图层“action”，按 F9 打开动作面板，添加 AS 代码。

（13）时间轴最终效果如图 11-1-12 所示。

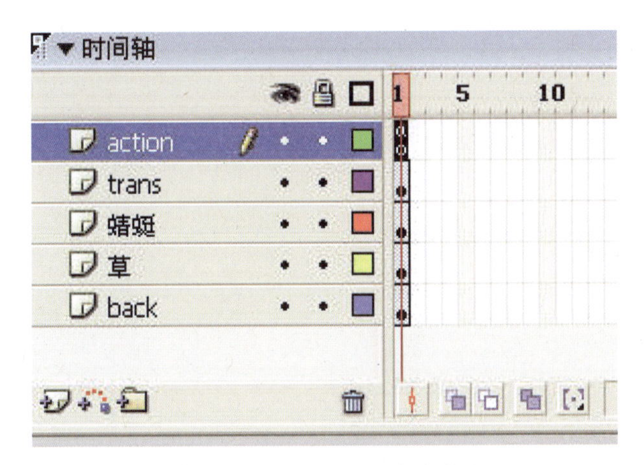

图 11-1-12 时间轴最终效果

参考文献

[1] 李昕 . Flash 动画实训教程 [M]. 上海：上海人民美术出版社 , 2012.

[2] 杨云江 .Flash CS4 动画制作教程 [M]. 北京：清华大学出版社，2010.

[3] 丁雪芳 . 中文 Flash CS5 应用实践教程 [M]. 陕西：西北工业大学出版社，2011.

[4] 周导元 .Flash CS5 经典动画制作教程 [M]. 北京：中国铁道出版社 , 2011.

[5] 刘彦武 .Flash 动画实用技术 [M]. 北京：机械工业出版社 , 2009.

[6] 宋一兵 . 从零开始——Flash CS5 中文版基础培训教程 [M]. 北京：人民邮电出版社 , 2012.

[7] 丛书编委会 .Flash 动画制作实用教程 [M]. 北京：中国电力出版社 , 2008.

[8] 刘进军 .Flash 二维动画制作 [M]. 北京：清华大学出版社 , 2009.

[9] 牟向宇 .Flash 项目案例教程 [M]. 北京：中国水利水电出版社 , 2010.

[10] 王智强 . 中文版 Flash CS5 标准教程 [M]. 北京：中国电力出版社 , 2011.